湖南省文化和旅游厅、湖南省财政厅支持

湖南工夫红茶

顾　问｜周重旺
主　编｜李安鸣
副主编｜吴浩人　朱海燕

光明日报出版社

图书在版编目（CIP）数据

湖南工夫红茶 / 李安鸣主编. -- 北京：光明日报出版社，2022.3

ISBN 978-7-5194-6484-4

Ⅰ.①湖… Ⅱ.①李… Ⅲ.①红茶—制茶工艺—湖南 Ⅳ.①TS272.5

中国版本图书馆 CIP 数据核字（2022）第 036802 号

湖南工夫红茶

HUNAN GONGFU HONGCHA

主　　编：李安鸣

责任编辑：杜春荣　　　　责任校对：陈永娟

封面设计：中联华文　　　　责任印制：曹　净

出版发行：光明日报出版社

地　　址：北京市西城区永安路 106 号，100050

电　　话：010-63169890（咨询），010-63131930（邮购）

传　　真：010-63131930

网　　址：http：//book.gmw.cn

E - mail：gmrbcbs@gmw.cn

法律顾问：北京市兰台律师事务所龚柳方律师

印　　刷：三河市华东印刷有限公司

装　　订：三河市华东印刷有限公司

本书如有破损、缺页、装订错误，请与本社联系调换，电话：010-63131930

开　　本：170mm×240mm

字　　数：115 千字　　　　印　　张：9

版　　次：2022 年 3 月第 1 版　　　　印　　次：2022 年 3 月第 1 次印刷

书　　号：ISBN 978-7-5194-6484-4

定　　价：85.00 元

序

湖南是片红色的土地，是无数仁人志士用鲜血染红的土地。

湖南人的餐桌上无红不入味，没有红辣椒就没有口味。

湖南的红茶曾一度占据全国出口的半壁江山，是全国红茶出口的主力之一。

中国是茶的故乡，湖南是茶祖神农的故里。

陆羽《茶经》指出："茶之为饮，发乎神农氏。"中华炎帝神农氏，被尊为中国茶叶的始祖。炎帝神农在湖南发现了茶叶可以"解百毒"。中国从4世纪起开始种植茶树，到7世纪时茶叶已经成为人们的日常饮品，但是那时候茶叶很珍贵，人们把绿茶当作"不老药"饮用。红茶是在绿茶的基础上经发酵创制而成的。红茶因其独特风味，在明代传入欧洲，并进入英国皇室，继而成为整个欧洲上流社会的饮用珍品。后被民众纷纷仿效，饮红茶的习俗慢慢在欧洲各国民间广为流传。

欧洲盛行红茶，大量从中国进口。道光二十年（1840年），广东茶商到湖南收购茶叶，就地加工成红茶，引导湖南十多个县效法仿制，于是湖南红茶源源不断地被大量贩运到广州出口。未及数年，赣、皖和西北茶商纷纷慕名而至，致使湖南红茶在国际市场上成为交易大宗，享有崇高声誉，无“湖南”字号不买。咸丰初年崛起的湖南红茶做工精细，品质甚佳，湖南出产的红茶统称“湖红”，与安徽的“祁红”、福建的“建红”齐名，为中国红茶的正宗。湖南工夫红茶于1915年在巴拿马万国博览会上获得两个金奖。

1942年《湖南之茶》载：湖南75县，有64县产茶。1936年，有茶园10万公顷，产茶4万吨。所产之茶主要是湖南工夫红茶，大都用于出口。到1988年，全省红茶产量达3.57万吨，占全国茶叶总产量的48.9%。1993年，湖南红茶出口4.6万吨，占全国红茶出口量的50%以上，过半壁江山，是中国红茶出口的绝对主力。湖南省14个市（州）的78个县（市、区）都有工夫红茶生产，湖南省生产工夫红茶的县（市、区）如此之多，地域分布如此之广，在全国各省红茶产区也是绝无仅有的。

在湖南工夫红茶发展的百余年中，我国其他省份著名制茶技师都曾经来湖南学习过红茶制作技术。近代“湖南工夫红茶制作技艺”第一代传承人冯绍裘（湖南衡阳人，1900年3月生），被誉为“工夫红茶泰斗”，他为我国培养了大批红茶专家。他于20世纪20年代在湖南安化茶叶讲习所任教师主讲红茶，后任湖南省立茶叶学校校长，他还将湖南工夫红茶制作技艺传入云南，是滇红的创始人。

湖南工夫红茶制作技艺主要有以下四方面的价值。

（1）重要的历史文化价值。湖南工夫红茶对中国红茶的发展产生了重要作用，其技艺和遗存是中国茶叶生产和对外贸易的一个缩影。

（2）中国茶文化国际传播的价值。历史上，湖南工夫红茶享有崇高的国际声誉，1915年，湖南安化和浏阳的工夫红茶在巴拿马万国博览会上双双获得金奖，在中华文化的对外传播中，湖南工夫红茶作为国际市场的大宗商品发挥了重要作用，还将在“一带一路”的国际合作中发挥出独特作用。

（3）在乡村振兴中的重要作用。工夫红茶在湖南分布广，影响大，全省78个县（市、区）都有制作工夫红茶的传统，工夫红茶是湖南乡村振兴中的优势产业，是湖南茶产业中涉及面广、从业人数多的茶类，发展湖南工夫红茶生产，对于稳定增加茶农的收入，巩固脱贫致富的成果，都有重要的意义。

（4）对身体健康具有多种积极的作用。湖南工夫红茶品质优异，富含对人体健康有益的物质。湖南工夫红茶富含茶多酚、儿茶素、茶氨酸、茶多糖、有机酸、矿物质微量元素等多种活性成分。经细胞实验及流行病学研究，湖南工夫红茶具有抗感冒、抗氧化、养胃、暖胃等十多种作用，对于提高中华民族健康水平有着重要的意义。

盛世兴茶，随着社会经济的快速发展和人们生活水平的不断提高，人们越来越注重健康养生，茶叶消费成为人们健康养生的首选，因而，茶叶产业变成了一个朝阳产业，湖南红茶必将迎来新一轮发展机遇。感忆往昔，茶师以历代贡茶传统工艺讲究制作，终成湖南红茶之臻品，在1915年巴拿马万国博览会上获得金奖，开启荣耀之门，镌刻成湖南红茶永载史册的辉煌时刻。举目今朝，严苛的采摘标准与极致的品质追求，制茶工匠以创新工艺精心加工，始得湖南红茶以“花蜜香，甘鲜味”之品质特征，紧随新时代的“一带一路”跨越国门，畅销东南亚和欧美各国，传至异域远方，成为萦绕在不同肤色爱茶人唇齿间的世界留香。借此为序，企望助推湖南红茶产业健康、快速发展，造福茶农，赢利茶企，犒赏世界茶客。

湖南省食文化研究会名誉会长

湖南省茶叶协会会长

周重旺

二〇二二年五月十五日于长沙

中国工程院院士、湖南省食文化研究会名誉会长袁隆平题词

常喝红茶
振兴湘茶

袁隆平题

民以食为天
饮以茶为先

袁隆平题
二〇一七，春节

目录
CONTENTS

第一章

湖南工夫红茶概况

所谓“工夫”红茶，就是条形的红茶，也是我国传统出口商品。工夫红茶按品种可分为大叶种工夫和中小叶种工夫。“工夫”这两个字有双重含义，一方面是指加工的时候相较其他红茶耗费的工夫更多，另一方面是指冲泡的时候要用充裕的时间来慢慢品味。

不了解茶的人们经常会将“工夫”与“功夫”混淆，但是以“功夫茶”代替“工夫茶”甚至与之共用实有不妥之处。“工夫茶”一词起源于潮州，“工夫”一词在潮州话中的词义为：精细，做事细致，花时间。从潮州工夫茶茶艺可以知道：工夫茶茶具分工明确，精细而观赏价值极高，冲泡程式步骤达21项之多。所以，冲泡的方式及食用的茶具极具“工夫”。又因为“工夫茶”冲泡程序较多，所以要用不少时间，故冲泡“工夫茶”得有闲工夫。而“功夫茶”中的“功夫”解释为：本领，造诣。若提到“功夫”的话，跟武术中的“功夫”释义相近。显然，泡茶和武术是两回事，用“功夫茶”一词容易造成歧义，且“功夫”在释义上缺乏张力。若像北方一样认为“功夫茶”就是冲泡技法，只看到冲泡技法的“功夫”，却没有了解到“工夫茶”中冲泡器具和冲泡手法的技能特点。

第一节　湖南工夫红茶的发展历史

一、湖南红茶历史发展概述

中国红茶始于福建，约在 1650 年。1840 年，鸦片战争后，广州、上海等五个口岸通商，西方国家来华大量购运红茶。19 世纪中叶，为适应外商需要，扩大红茶出口，外省茶商纷纷派员来湖南茶区倡导生产红茶，设庄精制，因此，湖南平江、安化开始生产红茶。平江生产红茶在 1847 年以前，其后浏阳、长沙开始生产红茶。

湖南《巴陵县志》记载：“道光二十三年（1843 年）与外洋通商后，广人挟重金来制红茶，农人颇获其利。”晋商、鄂商等也接踵来到安化。随后红茶不断传入邻近各产茶县。从此，湖南省增加了一大宗出口茶类——工夫红茶，统称“湖红”。这些成箱红茶主要运往广州，供应英商洋行出口。

咸丰四年（1854 年），广东商人取道湘潭到安化设厂（广庄），采购鲜叶制作红茶，经济效益颇好，因而产区逐渐扩大到新化、桃源、溆浦、沅陵等地。1855 年，英国伦敦市场已有“湖红”名称。

晋商精制的红茶运至汉口，将“两湖”红茶和武夷红茶各按 50% 的比例拼和，作为武夷红茶标志，陆运到恰克图卖给俄商。这种新拼配的红茶，更适合俄国人的口味，销路很好，每年出口2000多吨。

咸丰八年（1858年）以后，楚境渐次肃清，湖南茶运稍畅。而咸丰九年至十一年（1859—1861），洋商陆续在各口岸收买红茶，湖南北所产之茶，多由楚境水路就近装赴各岸分销。

同治时起，晋商基本丢失恰克图茶叶市场，湖南安化茶叶销俄量锐减。之后，俄罗斯商人在汉口设立兴案、百昌、源本、阜昌、顺丰等五家洋行，英、美、法、德等国先后在汉口设立经营茶叶的分支机构，互相竞购“两湖”红茶，湖南红茶出口进入了鼎盛时期，全省茶庄750多家，其中安化正式悬牌的有300多家，沿门挨户收购茶叶的小贩不计其数。在清同治至清末期间，同治年间（1862—1874）《安化县志》记载：“方红茶之初兴也。打包封箱，客有冒武夷茶以求传者。孰知清香厚味，安化固十倍武夷。广人贩红茶按谷雨来乡，不利雨而利睛，不须焙而须曝。于是公开以‘安化’茶号进入国际市场，畅销西洋等处。”

咸丰同治年间，陕甘回民起义反清，造成战火十余年，两柜茶商纷纷逃离，以至于无人交纳茶税，西北茶叶奇缺，仅由少数私商偷运，根本于事无补。陕甘总督左宗棠镇压回民反清之后，于1873年奏请朝廷，改变引茶办法，以票代引，每票为40引，计茶6411斤，因为东、西两柜屡催未归，乃添设南，准许南方各省茶商经营，选派长沙人朱昌琳为南柜总管。

同治十三年（1874年）《平江县志》载：“道光末，红茶大盛，商民运以出洋，岁不下数十万金。”

清末民初，安化“湖红”与安徽“祁红”、福建“建红”鼎足而三，同为中国红茶之正宗。

光绪八年至十二年（1880—1886），是湖南红茶出口的最好时期，据载，每年供应出口90万箱以上（每箱平均30.24公斤），占当时全国出口红茶的27.6%，尚不包括副产品红茶末、红片茶和粗红茶。

20世纪60年代至80年代这30年间，汉口英商洋行收购70%以上的“湖红”，其余为英国及欧美澳各国洋行收购。湖南红茶进入鼎盛时期。

光绪十三年（1887年）以后，印度、锡兰（今斯里兰卡）红茶兴起，价廉物美，风靡全球。而我国红茶因前期畅销，忽视了质量，个别投机商人甚至掺假作伪，国家又无商检或监督机构管理，以致影响了湖南红茶对外贸易的声誉。同时英国为扶植殖民地经济的发展，从1890年后，大量减少“湖红”进口，转购印度、锡兰红茶。1893年，汉口英商只收购“湖红”1148吨，不及兴盛时期的十分之一，湖南红茶出口开始了第一次滑坡。

光绪二十年（1894年），俄商大幅度增加红茶进口，成为“湖红”最大的客户。20世纪初，英国及欧美茶商收购量也稍有回升。到了第一次世界大战初期，西欧各国为了贮备物资，又在汉口与俄商竞购红茶。

在1915年巴拿马万国博览会上，安化县昆记梁徵辑红茶和浏阳分商会红茶获得金奖，湖南宝大隆兴曾昭模红茶获得名誉奖章。这一历史性的突破，使湖南红茶在世界红茶舞台上大放异彩，声名大噪。1915 年，湖南红茶出口增至 21168 吨，出现了第二次增长。

图 1－1　巴拿马万国博览会奖牌正面（左）、巴拿马万国博览会奖牌背面（右）

图 1－2　巴拿马万国博览会中国馆

图 1－3　1915 年 12 月 30 日，

《湖南大公报》登载湖南红茶获巴拿马万国博览会金奖

1891—1917 年的 27 年间，“湖红”年均出口约 15900 吨，比最盛时期下降 45%，而且每吨售价也跌落约 40%。第一次世界大战后西欧各国经济衰退，来华购运茶叶者稀少。加之俄国十月革命后，经济尚未恢复，外汇短缺，压缩茶叶进口，原由俄商在汉口经营茶叶的洋行被撤销。1918—1921 年，“湖红”全部积压汉口，出口几乎停滞，湖南红茶出口出现了第二次大低谷。

1922 年，中苏恢复通商，欧美澳也有少数茶商来汉口采购。1923 年，经汉口出口的“湖红”上升至 12121 吨，出现了第三次回升。

1927 年，国民政府反共反苏，接着又发生“中东铁路事件”，俄中两国断绝邦交，红茶出口又复下降，进入第三次衰落时期。

1933年，中苏关系复苏，苏联组织协助会来华购茶，汉口历年积压的“湖红”销售一空，湖南红茶出口有了起色，同年出口4449吨，比1932年的1876吨增加一倍多；1934年达到7762吨，出现了第四次回升。

1937年，抗日战争全面爆发，次年10月汉口沦陷，湖南红茶无法向汉口供应出口。财政部为了统筹外汇，由贸易委员会实行茶叶统制购销，组织中国茶叶经营公司，在衡阳设立办事处收购两湖红茶外运。表面上贷款茶商，扶植出口生产，但是物价飞涨，货币贬值，财政部年初所定茶叶收购价格全年不变，茶农和茶商亏损，不愿积极产制和经销，加以南方各对外港口逐渐沦陷，输出困难，至1941年以后就一蹶不振，湖南红茶出口进入第四次萧条时期。

1943—1945年间无红茶出口，中国茶叶公司也倒闭撤销。抗战胜利后，国民党继而发动内战，外商多裹足不愿来华购茶。湖南红茶只有安化、桃源、平江少量产制，多运至广州售与侨商外运。此时，湖南红茶仍处于大衰落时期。

1951年，安化红茶厂增置制茶机器，开始制定茶叶精制程序。厂长黄本鸿写成《红茶精制与茶机排列》一文，在《中国茶讯》发表。1953年，《红茶精制》专著出版。

图1－4　湖南机械制茶第一人

红茶大师冯绍裘与安化茶厂第一任厂长黄本鸿在工作中

1952年9月，苏联科学院院士、茶叶专家贝可夫，带领索利魏也夫、哈利巴伐及研究生鲁奇金等4人来安化考察茶叶，学习红茶知识。

1954年，安化一茶厂、安化二茶厂全面应用精制茶叶，结束了千百年来湖南靠手工制茶的历史。

图1－5　图为现保存良好的安化茶厂红茶审评室及标准样

1956年，由全国供销合作社茶叶局、湖南省供销茶叶管理处、中国茶叶出口公司等单位在安化茶厂进行红条茶轧制试验，开创我国轧制红茶（工夫红茶碎茶）先例。

1956年，应苏联请求，中央和省有关部门在湖南桃源茶厂、平江茶厂开展将工夫红条茶轧制成碎茶的试验。工序为滚圆、平圆、滚切、拣梗、风造等，反复交替进行。因为是在条形红茶的基础上轧碎，不仅生产成本高，而且色泽灰褐而不黑润，香味纯和淡薄，缺乏“浓、强、鲜”的味感。当然那是适应外交要求的权宜之计，后来由初制红碎茶的试验成功和扩大生产而逐步减少乃至停产，只剩工夫红茶精制时自然形成的扎制碎茶。

二、1949年至1988年湖南工夫红茶的产购销情况

表1－1　1954—1978年湖南省红毛茶收购价格表

单位：元/50公斤

年份	品名	一级	二级	三级	四级	五级
1954年	红毛茶	114	80	59	48	38
1955年	红毛茶	114	80	59	48	38
1956年	红毛茶	131	92	69	57	46
1958年	红毛茶	139	99	76	63	52
1960年	红毛茶	148	104	79	65	54
1964年	红毛茶	178	125	95	78	65
1967年	红毛茶	178	125	95	78	65
1978年	红毛茶	178	125	95	78	65

茶叶收购价格，以茶叶收购标准样为实物依据。价格是茶叶质量的价值反映。1985 年以前的收购价格实行统一领导，分级管理。部管的收购价格标准，属国家物价总局和商业部、外贸部或供销合作总社管理。省管的收购价格标准，由省物价局和经贸委（供销合作社或商业局）比照部管价格管理。

1979 年，根据全国供销合作总社和国家物价局下达《1979 年茶叶收购价格和标准样的通知》精神，湖南省茶叶收购价格又一次进行了调整，见表 1－2。

表 1－2　1979 年湖南省红毛茶收购价格表

单位：元/50 公斤

等级	红毛茶
一级一等	234
一级二等	△215
二级三等	196
二级四等	△178
三级五等	160
三级六等	△142
四级七等	124
四级八等	※108
五级九等	92
五级十等	△76
六级十一等	67
六级十二等	△60

备注：“※”表示中准样；“△”表示设样。

1985年，除边销毛茶外，其他茶划为三类农副产品，放开自由经营。但价格仍列为指导性价格，由物价局管理。1986年，根据国家物价局《关于1986年茶叶指导价格的通知》精神，省物价局结合湖南情况下达了各类茶叶的指导性价格，边茶原料执行国家牌价，并继续执行减税加价。红毛茶提价15%，其他茶价也做了相应调整。1987年至1990年，茶价有所调整，见表1-3。

表1-3 1990年湖南省红毛茶收购指导价格表

单位：元/50公斤

等级	湖红毛茶	湘红毛茶
一级一等	363	478
一级二等	△333	△442
二级三等	304	406
二级四等	△276	△370
三级五等	248	337
三级六等	△220	△302
四级七等	192	274
四级八等	※168	※238
五级九等	143	208
五级十等	△118	△185
六级十一等	104	162
六级十二等	△93	△140

注："※"为中准级样价；"△"表示设样。

茶叶收购站是指分布在各个产茶区直接收购茶农茶叶的基层收购单位。1956 年以前，茶叶收购站的设立较少，与千家万户生产茶叶的形式不相适应。茶农排队争售茶叶，快则半日，慢则要 3 ~ 4 天，茶农意见很大。1958 年以后，随着收购网点的增加和茶叶生产集体化，基本消除了排队争售的局面。

1984 年，茶叶市场开放后，茶叶收购的形式中，国营、集体、个人一齐上。收购网点星罗棋布，收购方式多种多样，极大地方便了茶农交售茶叶。

表 1 - 4　1950—1990 年湖南省茶叶社会收购统计表

单位：吨

年份	红茶
1950	4518
1951	6181
1952	4876
1953	3623
1954	4225
1955	5834
1956	8202
1957	6172
1958	7385
1959	9750
1960	12323
1961	5826
1962	4950

续表

年份	红茶
1963	5505
1964	6506
1965	7051
1966	7529
1967	7992
1968	6912
1969	7389
1970	7710
1971	8848
1972	9793
1973	10391
1974	11860
1975	12222
1976	14466
1977	12279
1978	10995
1979	8348
1980	6089
1981	6069
1982	9061
1983	9512
1984	9569
1985	10401
1986	11720
1987	11848

续表

年份	红茶
1988	9100
1989	10612
1990	12617

湖南省除湖区几个县市不产茶外，其他几十个县市都产茶，集中在安化、临湘、涟源等20多个县市，产量和收购量占全省70%～75%。1967年是中华人民共和国成立以来湖南省收购茶叶最多的一年，全年收购各类茶叶63100吨，其中红毛茶共收购7136吨。

表1－5　1967年湖南主产地红毛茶收购统计表

单位：元/吨

县名	红毛茶	
	数量	单价
长沙	364	2145.6
安化	1499	1223.2
桃源	944	1843.6
涟源	942	2428.6
双峰	910	2108.0
新化	663	1918.4
平江	870	2110.0
石门	246	1796.4
溆浦	236	2212.8
浏阳	462	2386.8
合计	7136	

表 1－6　1978 年湖南主产地红毛茶收购统计表

单位：元/吨

县名	红毛茶	
	数量	单价
长沙	244	
安化	701	2253. 3
桃源	675	2000
涟源	2799	2043. 6
双峰	1853	1857. 3
新化	1203	2160. 1
平江	967	2240. 8
石门	163	1866. 8
溆浦	331	4977. 0
浏阳	732	2108. 4
湘乡	203	1995. 1
洞口	1075	2159. 2
邵东	960	2155. 2
隆回	433	2241. 6
沅陵	183	1602. 7
合计	12522	

表 1－7　1982 年湖南主产地红毛茶收购数量表

单位：吨

县名	红毛茶
安化	1179
汉寿	5
桃源	105
涟源	890
双峰	565
新化	560
洞口	430
邵东	316
平江	886
浏阳	901
湘乡	121
隆回	176
武冈	26
溆浦	514
石门	332
沅陵	225
合计	7231

第二节 湖南工夫红茶的现状

茶叶是湖南省比较具有优势的传统农产品，近年来，在省委、省政府的重视、省农业农村厅的直接领导下，在省相关部门的支持和各级党委政府的推动下，湖南茶产业强势发展，已成为助农增收、精准扶贫和地方区域经济发展的支柱产业。工夫红茶是湖南具有广阔市场与发展潜力的优势茶类，为推动湖南省红茶产业的发展，努力构建湘茶新的增长极，加快千亿茶产业建设步伐，省委、省政府于2018年决定重点整合红茶资源，打造湖南红茶公共品牌，并设立1000万专项资金进行支持，连续支持三年，至2020年年底已完成阶段性工作。

三年来，在省政府的支持和省农业农村厅的直接领导、推动下，湖南红茶产业发展和品牌建设成效显著、成绩突出：一是“湖南红茶”品牌架构基本形成，即公共品牌+企业品牌+核心产区产品；二是“湖南红茶”品牌形象初步形成，品牌在全国打响，影响力迅速提升，被评为“2019年度全国茶界推广力度最大的公共品牌”；三是全省发展红茶产业的积极性高涨，至2020年年底湖南省红茶产区已扩大到14个市州、56个县市区；四是红茶产品品质明显提高，夏秋茶利用率提升，创新工艺技术逐步被红茶生产企业学习、掌握，授牌红茶企业100%，其他红茶企业50%以上能生产“花蜜香、甘鲜味”品质的红茶；五是红茶产业集群、龙头企业集群基本形成，全省目前已有常德、邵阳、娄底、株洲4个市，桃源、石门、澧县、洞口、新宁、城步、新化、双峰、茶陵、炎陵、常宁、宜章、汝城、江华、双牌、慈利、武陵源、湘乡18个县市区争创“湖南红茶”核心产区，全省1000多家茶叶企业中的70%有红茶生产加工线，5家国家级龙头企业中有4家是“湖南红茶”授牌企业，71家省级龙头企业中有37家是“湖南红茶”授牌企业，全省生产销售红茶300万元以上的企业有286家，加工销售红茶2000万元以上的企业有29家；六是红茶产业初具规模、效应逐步显现，至2019年年底全省生产加工各类红茶从2017年的3.7万吨增加到6.5万吨，增长67.6%，综合产值从2017年的47亿元增长到152亿元、增长223%。2020年，尽管受疫情影响，但红茶产业仍保持相对较大的增长，产量突破7万吨，综合产值达202亿元。为此，贵州、湖北、江西、浙江、安徽等省份茶叶主管部门、行业组织相继来我省学习交流“湖南红茶”品牌建设经验。可以说，湖南红茶产业已进入发展快车道，正在为“品牌强农”探索出一条积极有效的途径，省委、省政府当时的决策正确及时，把握了时机。

（1）创新工艺，打造“湖南红茶”独特的品质符号。应国内外红茶消费兴起、强劲发展的势头，我们继承传统优势，大胆创新技术。从地方特异茶树资源——云台山群体种、江华苦茶、保靖黄金茶、城步峒茶、汝城白毛茶中选育出了一批特色鲜明、适制优异“湖南红茶”的品种及单株；配套绿色栽培技术，种植于绿水青山之中；用“在全省红茶中找共性，在全国红茶中创个性”的思路，通过六大茶类的工艺融合创新，突破了利用夏秋茶原料加工高香、高档红茶的技术瓶颈，独创了新工艺标准并实现了自动化加工；产品个性突出，内含成分丰富，具有“花蜜香，甘鲜味”的鲜明特点，湖南省茶业集团的臻溪金毛猴红茶、湖南中茶的传世湖红、玲珑王茶业“军规红”、洞口古楼“将军红”、石门渫峰“常德红茶”、老一队“莽山红”等企业品牌的优质红茶，因其独特的花香、蜜韵、回甘、鲜爽相继荣膺国内、国际红茶评选大奖。

（2）建立机制，保障“湖南红茶”工作的有效运行。根据省委、省政府指示，成立湖南省红茶产业促进会，采用“政府引导、企业主导、平台协作”的运作模式，在省农业农村厅的领导、指导下，促进会按照“安全、优质、高效”的总要求，组织实施“一三五战略”，即打造一个“湖南红茶”公共品牌，突出“品牌建设、市场营销、茶旅融合”三大工程，建设“组织领导、品牌塑造、市场开拓、技术支撑、文化创新”五大体系，画定质量安全红线，守住品质风味底线，确保品牌特色。同时，为强化政府的引导作用，在省政府确立的每年财政1000万的“湖南红茶”品牌建设资金的基础上，省农业农村厅对红茶核心产区、红茶龙头企业给予了重点支持，以推动全省红茶产业持续快速发展，努力朝着“10万吨产量、300亿元综合产值、打造湘茶支撑极、带动100万茶农脱贫致富”的目标迈进。

（3）强化标准，严把“湖南红茶”企业的准入门槛。为塑造

“湖南红茶”品牌形象，我们设计了规范的“湖南红茶”商标标识、推出了“湖南红茶”统一VI体系、申报了“湖南红茶”国家地理证明商标；为强化“湖南红茶”质量标准，我们制定、发布了《湖南红茶 适制茶树品种栽培技术规程》《湖南红茶 工夫红茶加工技术规程》《湖南红茶 紧压红茶加工技术规程》《湖南红茶 工夫红茶》以及《湖南红茶 公用商标使用管理规范》团体标准，并举办了多期“‘湖南红茶’研修班”，派技术人员到相关企业进行技术指导；制备并发放了“湖南红茶”标样；通过专家实样评审，先后对符合“湖南红茶”质量标准的82家规模企业授权使用“湖南红茶”商标；对授牌企业全面开展了质量、商标使用规范管理检查，实施质量溯源身份证制度，严格推行不达标淘汰制。

（4）全面宣推，强化“湖南红茶”品牌的社会影响。为规范统一宣传内容与口径，组织编写《湖南红茶》专著、编印《湖南红茶》宣传册、两次摄制《湖南红茶》宣传片、聘请“湖南红茶”形象代言人、制作“湖南红茶”宣传画。为强化“湖南红茶”宣传力度，冠名了“湖南红茶”高铁专列并举行发车仪式，在机场、高铁站、地铁枢纽、省直机关电梯屏、步行街入口和北京西客运站、央视频道及交通台投放“湖南红茶”广告；在湖南经视制播了《湖南红茶》专题宣传片，还开创了“湖南红茶”公众号、《湖南茶业》杂志“湖南红茶”专栏、《湖南食品》杂志“湖南红茶”专栏，并两次组织粤港澳大湾区媒体赴红茶产区采访报道；先后在杭州、北京、深圳、南昌、长沙、香港、澳门、悉尼、重庆等地举办了20场

“湖南红茶”品牌推介会，隋忠诚副省长、袁延文厅长、兰定国副厅长、唐建初副厅长、刘仲华院士等先后登台推介。通过承接中茶协红茶专业委筹组会、全国茶标委红茶工作组会、中茶协红茶专业委成立会举办“湖南红茶”品牌论坛；通过“庆祝5·21‘国际茶日’湖南启动式”和“湖南红茶”进茶馆启动式，着力宣推“湖南红茶”。

（5）内外并举，开拓“湖南红茶”广阔的销售市场。为了拓展国内市场，三年来我们先后组织红茶代表企业参加了2017首届中国·湖南红茶美食文化节、2018第二届中国·湖南红茶美食文化节、2018杭州第二届中国国际茶叶博览会、2018第十届湖南茶业博览会、2018第十六届中国农产品交易会暨中国中部（湖南）农业博览会、2018湖南贫困地区优质农产品（北京）产销对接会、2019杭州第三届中国国际茶叶博览会、2019北京世界园艺博览会·湖南日、2019湖南贫困地区优质农产品（深圳）产销对接会、2019第十一届湖南茶业博览会、2019（南昌）第十七届中国农产品交易会、2019第二十一届中国中部（湖南）农业博览会、首届湘赣边区优质农产品产销对接活动暨2019湖南（郴州）第五届特色农产品博览会、2019湖南贫困地区优质农产品（北京）产销对接会、2019湖南省湘西自治州优质农产品（济南）产销对接会、湖南省特色优质农产品（国际）贸易平台产销对接会暨三湘农品嘉年华活动、2020庆祝5·21“国际茶日”湖南启动式暨湖南贫困地区优质农产品展示中心开业、2020湖南茶博会、2020第二十二届中国中部（湖南）农业博览会、2020（重庆）第十八届中国农产品交易会、2021 第三届中国·湖南红茶美食文化节等，设立“湖南红茶”展馆进行展示销售，有 100 余家红茶代表企业参加，现场销售 2.9 亿元，签订“湖南红茶”购销合同超过 120 余亿元。为了拓展国际市场，先后组织红茶龙头企业、出口企业参加了 2018 香港美食节国际茶展、湖南品牌农产品（澳门）展示展销、2018 第二届澳大利亚中华文化节暨茶文化产业博览会、2019 香港美食节国际茶展、2019 澳门国际经贸投资展会、2019 第三届澳大利亚中华文化节暨茶文化产业博览会，并设立“湖南红茶”展区进行展示销售。在 2018 香港湖南农产品推介会、2018 澳门湖南农产品推介会、2019 摩洛哥湘茶推介会、2019 澳大利亚湖南茶叶推介会中重点推介“湖南红茶”，40 多家红茶代表企业先后参加，现场销售 1800 万美元，签订出口合同 1.6 亿美元，获得出口订单 37 个，计 2.1 亿美元，壮大了出口队伍、扩大了出口规模。

第三节　湖南工夫红茶的特点

一、外形

红茶的外形标志着一款红茶的制作工艺是否规范，精制过程是否细致。不同等级的湖南红茶其外形特征也有所差异。

特级湖南红茶：条索紧直肥嫩，苗锋秀丽完整，金毫特别显著，色泽乌黑油润。

一级湖南红茶：条索紧直肥嫩，有苗锋，金毫特多，色泽乌润。

二级湖南红茶：条索肥壮紧实，尚有苗锋，色泽尚乌润，金毫较多。

三级湖南红茶：条索肥壮紧实，尚有苗锋，色泽尚乌润，有金毫。

三级以下湖南红茶多以叶为主，苗锋较少，金毫不明显，就不再赘述。关于红茶的外形，匀度、净度是一款茶外形的基本评审标准，匀度要求干茶条索大小粗细基本一致，这将在精制环节中起重要作用，净度要求干茶不含杂质，不出现杂叶。

二、滋味

湖南红茶滋味的评定，简单来说，就是指一款茶是否好喝，在喝的过程中是否感到愉悦。好的红茶必定是滋味醇和干净、喝后舒适的，在红茶的滋味描述中，浓、滑、润、甜、纯是最为常见的。

（一）浓度

在红茶里，浓度是一个重要的指标。传统红茶的品质特征为“浓、强、鲜、爽”，而“浓”便是指浓度。浓度表现为滋味丰富饱满，包裹整个口腔但不会出现化不开的不适感。

（二）滑度

滑度指的是红茶的“柔和感”，类似喝米汤一样的感觉。滑度和茶汤的厚度有关，茶汤越醇厚，相应的滑度也会越明显。品质好的茶汤进入口腔稍停片刻，通过喉咙流向胃部，喝后会让人觉得很舒服，适口度佳；而品质不好的茶汤就会有“锁喉”之感。

（三）润度

润度对于红茶来说是必需的，优质的红茶品饮后给人感觉是温润如玉、如沐春风的。冲泡了三四泡后的茶汤，入口后嘴巴不干不燥，口腔中有一种湿润的感觉，咽下后整个肚子是温暖舒适的，这就是红茶润度的体现。

（四）甜度

甜度是品鉴红茶最简单、最直观的一个方面，也是红茶滋味的标志特征，在工艺环节没有出现特别大的失误的红茶，其滋味的第一感受便是甜的，好的红茶在茶汤还未入口时就能闻到甜香。此外，茶汤入口后与舌面接触能很快让人感受到甜度，并且会在口腔里蔓延开来，绵长持久。

（五）纯度

纯度是判断红茶工艺精湛与否的重要指标，在精制环节是否卫生、方法是否正确、储存环境是否理想等都可以从茶汤的纯度来考量。纯度好的茶汤喝起来是非常干净舒服的，不会有任何异味。如果喝起来有异味，说明在制作的过程中卫生条件不达标，或者是精制环节中没有将杂物剔除。

（六）厚度

厚度是指茶汤入口后的一种黏稠感，厚度常和茶汤浓度混淆却并不相同，厚度与红茶质地有关，茶汤中溶于水中的物质成分较多时，在口感上就会感觉比较浓厚稠密。

三、香气

（一）红茶的香气组成部分

香气是衡量茶叶品质优劣的重要标准之一，而鲜叶中所含的芳香物质，便是形成茶叶香气的重要物质基础。目前人们已从红茶中分离出400余种香气成分，而绿茶中只有260余种。无论是湖红、滇红，还是祁红，都有各自的香气特征，这是由香气成分比例决定的。影响红茶香气的因素主要有四个。

1. 地域香

地域香是产地环境因素的作用而使茶产生的区别于其他产地的香气，产地因素包括纬度、海拔、地形、土壤、气候、生物等。比如山头茶、冰岛茶的香型与凤庆茶、昔归茶的香型就不同。

以土壤肥力为例，研究表明，鲜叶中芳香物质及基韵物质的含量与土壤肥力有很大关系。因为有相当一部分芳香物质属于含氮化合物，所以土壤中氮、磷、钾以及微量元素的含量高低会直接影响茶叶中芳香物质的合成。

测定发现，高肥力土壤中的鲜叶与贫瘠土壤中的鲜叶相比，其主要芳香物质含量高50%，氨基酸含量相差近一倍。而氨基酸可脱氧形成香气，并且参与许多芳香物质的转化，因此是重要的香气基础物质，凡氨基酸含量高的红茶，大都香气突出。

2. 品种香

由于茶树品种不同，其鲜叶中的芳香物质及与香气形成有关的其他成分如蛋白质、氨基酸、糖及多酚类等含量也不同。这种香味是由茶树品种的基因决定的，不同的茶树品种在同样的产地环境中，经过相同的生产工艺而制作出的茶叶，其香气也各有差异。

品种香是独特的，是区别于其他的茶品种的特质。不同树种所制的茶会有不同的香气，如大叶种红茶的甜香，小叶种红茶的花蜜香等。

表 1-8 适宜湖南省推广的主要试制红茶茶树品种

品种	主要特性
槠叶齐	无性系，中生种，适制红、绿茶，适宜湖南地区栽培
碧香早	无性系，早生种，适制红、绿茶，适宜湖南地区栽培
茗丰	无性系，中生种，适制红、绿茶，适宜湖南地区栽培
桃源大叶	无性系，中生种，水浸出物含量高，适制红、绿茶，适宜湖南地区栽培
黄金茶 1 号	无性系，特早生种，氨基酸含量高，适制红、绿茶，适宜湖南地区栽培
潇湘红 21-1	无性系，中生种，适制红茶，适宜湖南地区栽培
潇湘红 1 号	无性系，中生种，适制红茶，适宜湖南地区栽培
湘红茶 1 号	无性系，中生种，适制红茶，适宜湖南地区栽培
湘红茶 2 号	无性系，中生种，适制红茶，适宜湖南地区栽培

续表

品种	主要特性
江华苦茶	有性系，中生种，茶多酚含量高，适制红茶，适宜湘南地区栽培
城步峒茶	有性系，中生种，茶多酚含量高，适制红茶，适宜湘南地区栽培
汝城白毛茶	有性系，早生种，茶多酚含量高，适制红茶，适宜湘南地区栽培
金观音	无性系，早生种，茶多酚含量高，适制红茶、乌龙茶，适宜湖南地区栽培
黄观音	无性系，早生种，茶多酚含量高，适制红茶、乌龙茶，适宜湖南地区栽培
金萱	无性系，中生种，酚氨比协调，适制红茶、乌龙茶，适宜湖南地区栽培
其他	适宜湖南省栽培的省外优异品种（如高香，高茶多酚等优异品种）

3. 季节香

季节香即在某一时间生产的茶叶具有的特殊香气。如广东英德在9月中旬至10月上旬生产的高档红碎茶，香气新鲜高锐。这种特别而有时期性的香气，俗称“季节香”。

4. 工艺香

同一品种的茶青按照六大茶类的加工工艺分别可以制成绿茶、黄茶、红茶、黑茶、白茶和乌龙茶，显然这六种茶的香气是不同的，这就是工艺香的最简单体现。

红茶制作过程中芳香物质的变化十分复杂，通常鲜叶中的芳香物质不到100种，但制成红茶后，香气成分可增加到400多种。

红茶加工经萎凋、发酵等工序，许多香气前体物质发生相应的转化而产生很多新的香气成分，如醇类的氧化、氨基酸和胡萝卜素的降解、有机酸和醇的酯化、亚麻酸的氧化降解、已烯醇的异构化、糖的热转化等都会导致许多新的香气物质的产生。

如在萎凋、干燥环节中，鲜叶中的芳香物质经酶促氧化作用、异构化作用和水解作用，大量转化或挥发，同时经过干燥生成部分高沸点花香和果香型芳香物质，茶叶香气由青草气转变为清香和花香。

如果在鲜叶萎凋前，采用超声波加湿器管理鲜叶，能使干茶中醇类、醛类、吲哚类等芳香物质增加15%～20%，对于提高红茶香气有显著的促进作用。若鲜叶在萎凋前摊放1小时左右，让青草气充分散发，会形成清香。采用这种自然萎凋方法制成的红茶，糖香尤为突出。

我们喝红茶时常听说的“焦糖香”，其实是茶叶在干燥（烘焙）过程中，过高的温度使茶叶中部分可溶性糖发生焦糖化作用和羰氨反应，氨基被破坏，从而出现了类似焦糖的味道。如果在干燥（烘焙）环节中温度适中，一般不会出现焦糖香，多呈现花香、蜜香、甜香。

虽说品种、季节、地域等会影响茶叶内芳香物质的生成和转化，但红茶香气基本上是在加工过程中形成的，萎凋、发酵、干燥等工序是影响香气形成的关键工序，所以掌握好这三道工序是制作高香红茶的基础。

（二）红茶的香气类型

香气分为干茶香和冲泡后的茶汤香，两者综合后方可评定这款茶的香气。不同的原料和拼配方式会带来不同的香气，这也是红茶的魅力之一。红茶中最常见的香气有花果香、蜜香、焦糖香、番薯香、清香等。

1. 花香

花香是红茶中最常见的香型，大多因品种不同、工艺不同而产生不同的香气，常见的有兰花香、蜜兰香等。

2. 果香

果香是茶叶中散发出各种类似水果的香气，如桂圆香、蜜桃香、雪梨香等。

3. 花果香

花果香兼具花香、果香，其稳定性比花香要强，需轻发酵到一定程度才会出现。

4. 蜜香

蜜香为红茶里最常见的香型。在红茶发酵过程中，完成了以茶多酚酶促氧化为中心的化学反应，其中大部分的糖元素转化成了单糖，从而产生了蜜糖般的甜香味道，这就是我们常见的“蜜香”。

5. 焦糖香

焦糖香是一种类似烤面包、烤饼干等烘烤食品里的甜香，烘干充足或火功高可使香气带有饴糖香。在红茶里出现焦糖香则意味着其经过了高温烘烤。

6. 番薯香

番薯香俗称地瓜香，是一种类似烤红薯的香气。番薯香的形成，多受地域和树种影响。

7. 火香

火香一般出现于干燥之后火味尚未褪去的红茶中，所以红茶干燥后需要存放适当时间再品饮。该香型包括米糕香、高火香、老火香和锅巴香。

8. 甜香

甜香包括清甜香、甜花香、枣香、桂圆干香、蜜糖香等。鲜叶嫩度在一芽二、三叶左右制成的工夫红茶有此典型香气。

9. 毫香

尚在枝头的鲜叶，茶毫具有保护和分泌功能，其基部有能产生芳香物质的腺细胞。同时茶叶里面的谷氨酸本身具有微酸味，天冬氨酸、丝氨酸和丙氨酸有烘烤的柔和麦焦香，粗纤维微带木质味，它们混合起来的香型就成了毫香的一个重要来源。单芽或者一芽一叶的鲜叶，制作成金毫显露的干茶，冲泡时有典型的毫香。

10. 清香

香气清纯、柔和持久。香气虽不高但散发缓慢，令人有愉悦之感，是嫩采现制红茶具有的香气。

11. 青草气

青草气是一种类似青草的气味，常见于萎凋和发酵程度偏轻的红条茶，在标准的红茶品鉴里属于不好的气味，但随着人们对于红茶香气滋味要求的改变，也有一些红茶要求轻发酵，以保留青草气，常见于发酵程度低的云南红茶。

四、汤色

湖南红茶的汤色要求以黄红明亮为主，一些单芽制成的红茶汤色则金黄明亮。品质好的红茶茶汤应该色泽明亮，茶汤中无杂质。

创新湖南工夫红茶以臻溪金毛猴红茶为代表。做工考究，秉承“标准化生产、数据化做茶”理念，2005 年起湖南省茶业集团专门成立湖南红茶课题组，最终选定以古丈、张家界天子山及湘西地区的茶叶作为原料，通过创新工艺将三大茶类工艺融合研发出金毛猴红茶。成茶既具有乌龙茶的花香、红茶的蜜香和甜香，又具有黑茶醇厚的回味与气韵，风味独特。其品质特点是：外形条索紧细，色泽乌润，香高持久，滋味醇厚，汤色和叶底红亮。

第二章

湖南工夫红茶的制作

第一节　手工工夫红茶

湖南工夫红茶为全发酵茶，在加工过程中，原料茶鲜叶的化学成分发生较大的变化，茶多酚减少90%以上，产生茶黄素等新的成分。加工后香气物质从鲜叶中的50多种增至400多种，一部分咖啡因、儿茶素和茶黄素络合成滋味鲜美的络合物，形成工夫红茶的独特风味和品质特征。

湖南工夫红茶的制作工序比较复杂，工夫精细，技术含量较高，所以称为“工夫茶”。其生产制作共有萎凋、揉捻、发酵、干燥、筛分、拣剔、复火、匀堆八道工序，先期初制和后期精制各四道。

一、毛茶初制

先期初制包括前四道工序，该四道工序一般由茶农在自家完成，其产品称为“红毛茶”。

（一）萎凋

这道工序的意义在于使原料鲜叶蒸发掉部分水分，以减少细胞张力，增强鲜叶柔性，并散发掉部分青草气，增强酶的活性，使鲜叶内含物发生不同程度的变化，为成茶的色、味、香打好基础。

由于旧时设备条件不好，萎凋要在日照下完成，所以称为“晒青”。操作时将采摘的鲜叶均匀地铺在篾簟上让日光晒，并且频繁地翻转使之萎凋。萎凋要适度，以茶叶呈暗绿色，叶边呈褐色，叶柄呈皱纹状，完全失去弹力，握于掌中不发出一点声响，展开后不再恢复原状为正好。萎凋太过则不易搓揉，发酵也难；萎凋不足则汁液难出，而且留有青涩味。如遇上雨天，只好把茶鲜叶摊置在室内，或用提火增加室内温度，使之萎凋。

现代制茶技术，鲜叶到位后，先摊铺在竹垫席上晾干，也称“走水”；待叶梗水分明显减少，就移到萎凋槽。萎凋槽结构简单、操作方便，萎凋时间短，生产效率高，不受天气影响，能适应大规模生产的需要。近年一些茶企业在萎凋过程中还采用“轻摇”工艺，通过适当的手工或机械力作用，使叶缘轻微损伤。

（二）揉捻

晒青之后就可以进行搓揉，现在称为“揉捻”。揉捻的目的使茶鲜叶的细胞破裂，让细胞汁大量流出，用开水一泡，就容易出汁而有浓厚茶味。旧时茶农常用脚来“踏揉”，虽然比用手搓揉省力、便捷，但有碍卫生。

1941 年张天福设计的“九一八”式揉茶机正式面世，并在省内主要茶区推广后，搓揉正式改为揉捻。揉茶机又称为揉捻机，机揉可使鲜叶卷成条状，使毛茶外形紧结美观。

经过多次改进，目前揉捻机有多种机型，以55机型为例，每桶装鲜叶35~40公斤，揉捻时间一般为50~60min（幼嫩叶可适当缩短时间）。揉捻应掌握“嫩叶轻揉，揉时宜短；老叶重揉，揉时宜长”的原则，具体操作：不加压10min，轻压15min，逐渐加至中压10~15min，重压10~15min，松压5min。

揉捻是否适当，对成茶质量的好坏十分重要。室内温度宜低，湿度宜稍高；机揉采用轻压长揉的方法，使茶叶的成条率达85%以上，细胞破损率达85%以上；茶汁流出而不滴流，使茶条索紧结，香味浓厚，初步形成其成品的外形特征，较粗老或粗嫩不匀的鲜叶还需进行二次揉捻。

（三）发酵

发酵是工夫红茶加工的独特阶段，它使茶叶中的多酚类物质充分氧化，形成红茶色、香、味的品质特征。红茶的发酵实际上从揉捻时就已经开始，因此揉捻时室温宜低。发酵之前还需“解块”，就是把揉捻形成的茶团解散开，降低茶叶的温度，以免叶内某些有效成分受热剧变。手工解块可使茶的条索外形不易受损。

旧时制茶是“靠天吃饭”，把搓揉好的茶叶再放在日光下晒，借助天然的热力使之发酵；大约晒3h就会变成红褐色，而香味亦变浓厚。如果遇上雨天，没有太阳，便束手无策。

现代工艺多在发酵室内进行发酵，这样便于控制温度和湿度。

发酵温度控制在22℃～24℃，空气相对湿度一般要求80%以上，空气流通，使氧气供给充足，发酵充分均匀。发酵时间一般是2～3h，待茶叶的青草气消失，出现花香、果香，叶色大部分呈鲜明的铜红色为适度。

（四）干燥

上述发酵工序结束后，将茶叶打散，用炭火烘焙，或者放在日光下晒，使初加工后的茶叶干度大约为六成，“毛茶”即成。

这道工序的目的是制止茶叶继续发酵，蒸发多余水分，散发青草气，提升香气，促使成茶条索紧结，防止霉变。过去多使用焙笼用炭火焙干，所以称这道工序为“烘焙”。烘焙分为初焙、摊凉、足火三个步骤。初焙须高温（90℃～100℃），薄摊（摊叶1千克），勤翻（每5min翻一次）；焙至七八成干即进行摊凉，时间1～2h；足火温度较低（70℃～80℃），每10～15min翻一次，焙至茶条手捏成粉为止。

现在多使用烘干机进行干燥，高温初烘，低温复火，多次翻搅，使水分蒸发，达到毛茶成品要求。

二、手工精制

红毛茶初制好后，就进入精制阶段，成品就是工夫红茶。由于毛茶的来路多元，茶树品种、产地、采摘季节等不尽相同，品质不一，进入精制阶段前必须根据未来成品工夫茶的市场等级要求进行定级拼配。

传统的湖南工夫红茶精制过程包括筛分、拣剔、复火、匀堆等四道工序。

（一）筛分

旧时茶商将毛茶购入后，要进行再烘焙（或称“走火”），去掉尚存的四成水分，烘至全干，然后才进行“筛分”。烘焙在焙笼（俗称“茶焙”）上进行。焙笼用竹篾编成，样子像缩腰的圆筒，笼内有活动的烘顶，茶就放在这上面。烘焙前先在底面的“焙窟”放木炭，再放上焙笼进行烘焙。每隔20min将笼取下放在竹簸箕（方言，一种圆形平底的浅口竹器，常用来晾晒物件）上，以手翻拌一次。不可在炉上翻拌，否则茶末就会落到炉内，燃烧生烟，这样茶就有一股烟焦味。

筛分的意义在于区分出茶叶的粗细，整理外形。此道工序最为烦琐，精制茶的工场大部分都在做这一项工作。各地做法不尽相同，湖南工夫红茶的筛分步骤如下。

先一律过六号筛，筛下茶名“吊雨”；筛面茶条如不够干，就要过烘后再筛，筛时用手搓捏细碎，随握随筛，此筛下之茶，品质较次，因名“渣雨”；筛面残留者为“茶珠”。“渣雨”“吊雨”各分十号：一号筛面为“头茶”，筛底交二号筛分；二号筛面为“二茶”，筛底交三号；依次行之，三号、四号……九号筛面茶分别称为“三茶”“四茶”“粗雨”“中雨”“小雨”“茅雨”“铁沙”，九号其下即十号，为“末”。

“头茶”至“中雨”每号须过风车。风车有两个并列的斗口，右称“里斗”，左称“外斗”，末端不开斗口为“尾斗”。风车动时，蜷缩结实的茶就由“里斗”流出，称为“正身”，“外斗”流出的称为“圆片”，再次被风飘至“尾斗”的为“片”。“正身”发拣，“圆片”以下交片场“复吊”（即再筛分）。片场另置风车，“复吊”后再过风车。此时“里斗”的为“圆片”，“外斗”的为“轻身”，都交发拣。等到去净片术，拣净枝梗，就为净茶。

（二）拣剔

拣剔俗称“择茶”。筛分后的茶拣去茶梗茶枝，即成净茶。该项工序必不可少，需用很多人力，全部是女工和童工。工资以分量论值，按劳取酬。

湖南工夫净茶外形细长匀整，带白毫，色泽乌黑有光，内质香味清鲜甜和，茶汤鲜艳呈金黄色，叶底红匀光滑。

（三）复火

茶叶经过筛分后，多受湿润，为了确保茶品干燥，复吊后装箱前需以细火补烘次，名为“复火”。

（四）匀堆

匀堆目的是调匀茶叶的粗细。一般做法是用茶箱叠成（或用板闸围成）一堵“围墙”，把筛分的各号茶叶逐层堆到“墙”内，堆到一定高度，撤去“围墙”的一面，用耙向外沿徐徐梳耙，使各号茶叶混合调剂。量少的称“小堆”，合并小堆则为“大堆”。灌堆是精制茶的最后程序，之后即可装箱发售。

整个初制过程会一直持续到春末夏初。一片片嫩绿的鲜叶经过采摘、萎凋、揉捻和发酵的初制过程，总算变成了一根暗红、细长，带着独特甜香的湖南红茶。

第二节 机械工夫红茶

一、机械工夫红茶工艺流程

现在湖南工夫红茶多采用机器精制。机制红茶在外观、净度、香醇度、口感诸方面都得到很大的提升，符合现代市场要求，获得消费者青睐。机械工夫红茶的制作总流程为：鲜叶—萎凋—揉捻—发酵—干燥—整形—拼配—成品。原料依鲜叶嫩度分三级，特级原料中单芽比例不低于90%；一级原料中一芽一叶及以上嫩度比例不低于85%；二级原料中一芽二叶及以上嫩度比例不低于80%。

（一）萎凋

1. 槽式萎凋

将鲜叶摊于萎凋槽内，厚度15～20cm，保持厚薄一致，鼓风机气流温度25℃～30℃。槽体前后温度一致，每鼓风1～1.5h停止10～15min，酌情翻动，动作要轻，风量大小根据叶层厚薄适当调节。萎凋时间宜控制在8～12h。

2. 室内自然萎凋

将鲜叶薄摊于萎凋室内的萎凋帘或簸盘上，厚度2～3cm，保持厚薄一致；萎凋室温度20℃～28℃，相对湿度60%～75%。每隔2

~3h 翻动一次，动作要轻。萎凋时间宜控制在 16 ~20h。

3. 综合萎凋

一级和二级鲜叶原料可以采用综合萎凋，宜利用早上或傍晚的阳光将鲜叶进行晒青，时间 15 ~20min，鲜叶减重 5% ~6%；晒青后将鲜叶移入萎凋室，薄摊于簸盘上，厚度 2 ~3cm，保持厚薄一致，萎凋室温度 20℃ ~25℃，相对湿度 60% ~75%，保持室内空气流动；萎凋过程中采用摇青机摇青 3 ~4 次，摇青时间 3 ~15min，每次摇青后凉青 1 ~4h，随摇青次数增加而增加，单次摇青时间和凉青时间逐步加长。萎凋时间宜控制在 18 ~24h。

图 2 -1 槽式萎凋

4. 萎凋程度

萎凋叶含水率以 60% ~62% 为宜，其感观特征为：叶面失去光泽，叶色转为暗绿，青草气减退，叶形皱缩，叶质柔软，折梗不断，紧握成团，松手可缓慢散开。

（二）揉捻

选用45型、55型等中大型揉捻机，装叶量以自然装满揉桶为宜，揉捻时间60～90min。加压掌握轻—重—轻的原则，即不加压（桶盖刚接触茶叶）揉捻15～20min，轻压（桶盖下降距离为桶高的1/5～1/4）揉捻15～20min，中压（桶盖下降距离为桶高的1/3）揉捻15～20min，重压（桶盖下降距离为桶高的2/5～1/2）揉捻15～20min，最后松压揉捻5～10min。成条率90%以上，茶条紧卷，茶汁外溢，黏附于茶条表面。揉捻后产生的团块宜采用解块机解块。

图2－2 揉捻

（三）发酵

1. 发酵机发酵

将揉捻叶摊放于盛叶盘内，摊叶厚度8～10cm，厚薄均匀，不要紧压，放入发酵机发酵。发酵机温度宜在28℃～32℃，相对湿度控制在95%以上，每隔30～45min通风4～5min，发酵时间3～5h。

2. 发酵室发酵

将揉捻叶摊放于干净的发酵筐或篾盘内，摊叶厚度8～15cm，厚薄均匀，不要紧压，放入发酵室发酵。发酵室温度宜在28℃～32℃，室内相对湿度保持在90%以上，必要时采取喷雾或洒水等增湿措施，保持室内新鲜空气流通，每隔1～1.5h翻动一次，发酵时间3～6h。

3. 发酵程度

发酵叶70%～80%叶面的色泽达到红黄色至黄红色，青草气消失，散发清香或花果香为适度。

图2-3　发酵

（四）干燥

1. 初干

（1）热风初干

采用连续烘干机或烘焙机进行初干。初干温度控制在120℃～

130℃，摊叶厚度 2～3cm，时间 10～15min。

（2）滚炒初干

采用50型或60型电热杀青机（带强制进热风）进行初干。温度控制在200℃～220℃，投叶量70～90kg/h，时间2～3min。

（3）初干程度

烘干或滚炒至茶叶含水率20%～25%，条索收紧，有较强刺手感为适度。

2. 摊凉

将茶叶均匀摊开，冷却至室温后继续摊凉回潮50～60min。

3. 足干

（1）烘干机足干

采用连续烘干机进行足干。温度控制在90℃～100℃，摊叶厚度2～3cm，时间30～45min。

（2）提香机足干

采用提香机进行足干。温度控制在90℃～100℃，摊叶厚度2～3cm，时间60～90min。

（3）足干程度

足干至茶叶含水率4%～6%，用手指捻茶条茶条即成粉末为适度。足干后冷却至室温。

图2-4 摊凉

（五）整形

1. 去除

采用色选机去除筋梗，采用风选机去除黄片、碎末。

2. 区分

采用圆筛机区分长短，抖筛机区分粗细，风选机区分轻重，实现规格匀整。

（六）拼配

1. 按照湖南工夫红茶各等级的品质要求进行匀堆拼配。

2. 按照《食品安全标准预包装食品标签通则》（GB 7718－2011）的要求进行包装。

二、湖南工夫红茶标准

（一）范围

本标准规定了湖南红茶工夫红茶的术语和定义、分级与实物标准样、要求、试验方法、检验规则、标志标签、包装、运输和贮存。

本标准适用于湖南地区生产的，以适制湖南红茶工夫红茶的茶树品种鲜叶为原料，经萎凋、揉捻、发酵、干燥、整形、拼配等工艺制成的，具有湖南红茶工夫红茶品质特征且使用“湖南红茶”公用商标的条形红茶。

（二）规范性引用文件

下列文件对于推动本标准的应用是必不可少的。凡是注日期的引用文件，仅注日期的版本适用于本标准。

凡是不注日期的引用文件，其最新版本（包括所有的修改单）适用于本标准。

GB/T 191 包装储运图示标志

GB 2762 食品安全国家标准 食品中污染物限量

GB 2763 食品安全国家标准 食品中农药最大残留限量

GB 5009.3 食品安全国家标准 食品中水分的测定

GB 5009.4 食品安全国家标准 食品中灰分的测定

GB 7718 食品安全国家标准 预包装食品标签通则

GB/T 8302 茶 取样

GB/T 8303 茶 磨碎试样的制备及其干物质含量测定

GB/T 8305 茶 水浸出物测定

GB/T 8309 茶 水溶性灰分碱度测定

GB/T 8310 茶 粗纤维测定

GB/T 8311 茶 粉末和碎茶含量测定

GB/T 8313 茶叶中茶多酚和儿茶素类含量的检测方法

GB/T 13738.2 红茶 第2部分：工夫红茶

GB/T 14487 茶叶感观审评术语

GB 14881 食品安全国家标准 食品生产通用卫生规范

GB/T 18795 茶叶标准样品制备技术条件

GB/T 23350 限制商品过度包装要求 食品和化妆品

GB/T 23776 茶叶感观审评方法

GB/T 30375 茶叶贮存

GB/T 31621 食品安全国家标准 食品经营过程卫生规范

GH/T 1070 茶叶包装通则

T/HNTI 05－2018 湖南红茶 工夫红茶加工技术规程

T/HNTI 08－2019 湖南红茶 公用商标使用管理规范

“湖南红茶”VI标准体系

JJF 1070 定量包装商品净含量计量检验规则

定量包装商品计量监督管理办法（国家质量监督检验检疫总局令〔2005〕第75号）

国家质量监督检验检疫总局关于修改《食品标识管理规定》的决定（国家质量监督检验检疫总局令〔2009〕第123号）

（三）术语和定义

下列术语和定义适用于本标准。

湖南红茶 工夫红茶（Hunan black tea Congou black tea）湖南地区生产的，以适制湖南红茶工夫红茶的茶树品种鲜叶为原料，按T/

HNTI 05－2018 的要求，经萎凋、揉捻、发酵、干燥、整形、拼配等工艺制成的，具有湖南红茶工夫红茶品质特征且使用“湖南红茶”公用商标的条形红茶。

（四）分级与实物标准样

1. 分级

湖南红茶工夫红茶分特级、一级和二级三个等级。

2. 实物标准样

（1）各等级按本标准的技术要求分别设一个实物标准样，各为该级产品品质的最低界限。

（2）实物标准样按 GB/T 18795 的要求制备，实物标准样每三年更换一次。

（3）实物标准样由湖南省红茶产业发展促进会负责制备。

（五）要求

1. 基本要求

符合 GB/T 13738.2 的规定。

2. 感观品质

应符合表 2－1 的要求。

表 2－1　湖南红茶工夫红茶感观品质要求

等级	外形	内质			
		香气	汤色	滋味	叶底
特级	条索紧细显锋苗，金毫显，匀净，色泽乌润	鲜嫩甜香或带花香，高长	红亮	甜醇甘鲜	细嫩显芽，红亮

续表

等级	外形	内质			
		香气	汤色	滋味	叶底
一级	条索较紧细有锋苗，带嫩茎，有金毫，较匀齐，色泽乌润	甜香或带花香，尚高长	红亮	甜醇甘爽	嫩匀有芽，红亮
二级	条索紧结，有金毫，较匀齐，色泽较乌润	甜香或带花香，尚持久	红明	甜醇尚浓	较嫩匀，较亮

3. 理化指标

应符合表 2-2 的要求。

表 2-2 湖南红茶工夫红茶理化指标

项目	指标		
	特级	一级	二级
水分（质量分数）/% ≤	7		
总灰分（质量分数）/% ≤	6.5		
粉末（质量分数）/% ≤	1	1	1.2
水浸出物（质量分数）/% ≤	33	32	30.0
水溶性灰分，占总灰分（质量分数）/% ≤	45		
水溶性灰分碱度（质量分数）（以 KOH 计）/%	≥1.0[a]；≤3.0[a]		
酸不溶性灰分（质量分数）/% ≤	1		
粗纤维（质量分数）/% ≤	14	15	16
茶多酚（质量分数）/% ≤	7.5	7.5	7

注：茶多酚、水溶性灰分、水溶性灰分碱度、酸不溶性灰分、粗纤维为参考指标。

[a]：当以每 100g 磨碎样品的毫克当量表示水溶性灰分碱度时，其限量为最小值 17.8，最大值 53.6。

4. 污染物限量

应符合 GB 2762 的规定。

5. 农药最大残留限量

应符合 GB 2763 的规定。

6. 净含量

应符合国家质量监督检验检疫总局令〔2005〕第75号《定量包装商品计量监督管理办法》的规定。

7. 生产加工过程中的卫生要求

应符合 GB 14881 的规定。

（六）试验方法

1. 感观品质

按 GB/T 23776 的规定执行。

2. 理化指标

（1）水分按 GB 5009. 3 的规定执行。

（2）水浸出物按 GB/T 8305 的规定执行。

（3）茶多酚按 GB/T 8313 的规定执行。

（4）总灰分及水溶性灰分、酸不溶性灰分按 GB 5009. 4 的规定执行。

（5）水溶性灰分碱度按 GB/T 8309 的规定执行。

（6）粗纤维按 GB/T 8310 的规定执行。

（7）粉末按 GB/T 8311 的规定执行。

3. 卫生指标

（1）污染物限量检验按 GB 2762 的规定执行。

（2）农药残留限量检验按 GB 2763 的规定执行。

4. 净含量

按 JJF 1070 的规定执行。

（七）检验规则

1. 抽样

（1）抽样以“批”为单位。在生产和加工过程中形成的独立数量的产品为一个批次。同批产品的品质规格一致。

（2）抽样按 GB/T 8302 的规定执行。

2. 检验分类

（1）出厂检验

每批产品均应进行出厂检验，经检验合格签发合格证后，方可出厂。出厂检验的项目为感观品质、水分、粉末和净含量。

（2）型式检验

型式检验项目为要求中的全部项目（参考指标除外），检验周期每年一次。有下列情况之一者，应进行型式检验：

a）产品定型投产时；

b）原料、工艺、机具有较大改变，可能影响产品质量时；

c）出厂检验结果与上一次检验结果有较大出入时；

d）停产半年以上恢复生产时；

e）国家法定质量监督机构提出型式检验要求时。

3. 判定规则

按要求的项目，除参考指标除外的任一项不符合规定的产品均判为不合格产品。

4. 复检

对检验结果有争议时，应对留存样进行复检，或在同批产品中重新按 GB/T 8302 的规定加倍抽样，重新抽样应由争议双方同时进行，对有争议项目进行复检，以复检结果为准。

（八）标志标签、包装、运输和贮存

1. 标志标签

标志应符合 GB/T 191 的规定，标签应符合 GB 7718 和《国家质量监督检验检疫总局关于修改〈食品标识管理规定〉的决定》的规定。

“湖南红茶”是茶叶公共品牌，应获得湖南省红茶产业发展促进会相应授权，与其签订《“湖南红茶”公共品牌商标使用合同》，经营主体获得相应授权后，方可使用“湖南红茶”公共商标，应在其产品包装上使用湖南红茶 LOGO、商标文字，标识应符合《“湖南红茶”VI 标准体系》和 T/HNTI 08－2019 的规定。

2. 包装

（1）包装材料：应符合有关食品安全标准要求。

（2）包装应符合 GB/T 23350、GH/T 1070 的规定。

3. 运输

（1）运输工具应洁净、干燥、无异味、无污染。运输时应有防雨、防潮、防暴晒措施。不得与有毒、有害、有异味、易污染的物品混装、混运。

（2）符合 GB/T 31621 的规定。

4. 贮存

应符合 GB/T 30375 及 GB/T 31621 的规定。

第三章

湖南工夫红茶的泡饮

湖南工夫红茶品质优异，其外形条索紧结重实，色泽乌润，金毫显露；内质香气高长，花香果香交融，汤色红亮，滋味醇厚爽口。本章将介绍湖南工夫红茶的清饮、调饮方法，以及以湖南工夫红茶为主题编创的茶艺表演作品。

第一节　湖南工夫红茶清饮

一、主要用具

主要用具有 150ml 的白瓷盖碗、公道杯、30ml 的白瓷品茗杯（含杯托）若干、随手泡、茶荷、茶匙、茶巾、茶漏、水盂、奉茶盘、铺垫。

二、泡饮规范

（一）备具布席

茶具摆放位置如图 3 - 1 所示，盖碗与公道杯摆放在茶席正中间，前排摆放品茗杯，随手泡置于右前方，水盂置于左前方，茶匙、茶荷置于右后方，茶漏、奉茶盘置于左后方，茶巾叠整齐置于桌边近身的正前方。

图 3 - 1　茶具摆放位置

（二）煮水候汤

泡茶之水的软硬、酸碱度、温度等会影响茶汤品质。一般而言，以轻、清、甘、洁的软水泡茶为最佳，日常生活中纯净水容易获得，视为最优选择。

将纯净水注入煮水器内，做到水量合适，水不外溢。

（三）涤器净具

（1）注水。如图 3 - 2 所示，右手提壶向盖碗逆时针回旋注水，约注七分满即可。

图3－2 注水

（2）旋洗盖碗。右手拿起盖碗，放在茶巾上逆时针旋转2～3圈，使热水充分浸润盖碗内壁，以达到清洗干净盖碗和提升杯温的目的。

（3）烫洗公道杯。将盖碗中的热水倒入公道杯中，再以旋转法对公道杯进行烫洗，使热水充分浸润公道杯内壁。

（4）烫洗品茗杯。执公道杯将热水分到品茗杯里，剩余的水倒入水盂。如图3－3所示，最后将品茗杯中的水倾入水盂。从消毒容器中取出的品茗杯则可以不用再烫洗。

图3－3 烫洗品茗杯

（四）投茶入杯

1. 取茶

用竹或木质的茶匙从密封性好的茶筒中取出茶，置于茶荷中，忌用手抓。

2. 投茶

如图3-4所示，左手拿茶荷，右手拿茶匙，手指捏在茶匙柄2/3处，向杯中投入3g湖南工夫红茶。喜浓者投茶量可多些，喜淡者投茶量可少些。注意尽量不将茶叶撒落在桌面上。若无合适的茶匙，可将茶筒倾斜，对准杯口轻轻抖动，把适量的茶叶抖入盖碗内。

图3-4 投茶

（五）温润茶叶

1. 注水

右手提随手泡，以回旋注水的手法向杯沿冲水，水温以95℃左右为宜，水量以恰好淹没茶叶为宜。

2. 润茶

如图3-5所示，右手拿起盖碗，放在茶巾上或左手托住逆时针旋转 2 ~3 圈，让茶叶慢慢舒展。

图 3 –5　润茶

（六）正式冲泡

1. 高冲

如图 3 –6 所示，右手提壶高位定点注水至盖碗敞口边沿处。注水时要控制水流的急缓与高度，使水流不断，且水花不外溅。

图 3 –6　高冲

2. 出汤

如图 3 –7 所示，待茶叶在盖碗中浸泡出合适浓度时，右手拿盖碗将茶汤直接倒入公道杯或经茶漏漏至公道杯，目的是均匀茶汤。若公道杯为玻璃材质，此时可欣赏玻璃公道杯中红亮的汤色。

图 3－7　出汤

3. 分茶

如图 3－8 所示，持公道杯以平均分茶法将茶汤分倒入品茗杯内。分茶的茶量以七分满为原则，避免溢杯现象的出现。

图 3－8　分茶

（七）敬奉香茗

将茶汤敬奉给客人，并用伸掌礼（图 3－9）示意客人：“请用茶。”

图 3－9　伸掌礼

（八）品尝茶汤

1. 观赏汤色

右手以“三龙护鼎”的方式持杯，观赏汤色之美。

2. 嗅闻香气

将品茗杯移至口鼻下方，徐徐吸气，嗅闻茶汤香气。

3. 品尝滋味

如图 3－10 所示，辅以左手轻托茶杯杯底，男性可单手持杯，轻啜茶汤，让茶汤与口腔充分接触，细细感受茶汤的滋味。

图 3－10　品茶

（九）续水再泡

续冲泡：第二泡浸泡 15～30s，之后逐泡递增 5～15s。

续分茶：当客人喝完，应立即从前方用公道杯向客人杯中续茶，注意茶汤以七分满为宜，而且要避免在添加时溅落在杯外。

续品茶：品每一泡茶的香气、滋味的持久性。

第二节　湖南工夫红茶调饮

与清饮相比，调饮可以调出更加丰富的滋味。湖南工夫红茶可与柠檬、冰糖搭配，调出酸甜可口的柠檬红茶；可与牛奶和糖调配，调出香甜顺滑的牛奶红茶；可与姜汁、红糖为伍，调出暖胃的姜汁红茶饮；还可以与苹果、香蕉相伴……或甜或酸，或浓或淡，满足消费者不同口感喜好的需求。

一、柠檬红茶

（一）制作材料

湖南工夫红茶、柠檬、方糖、蜂蜜。

图 3-11 湖南工夫红茶

图 3-12 柠檬

图 3-13 蜂蜜

（二）制作方法

（1）称取 5g 湖南工夫红茶，并用 90℃左右的开水冲泡好，留作备用。

（2）将茶汤浸出，放入 2 块方糖，使其融化。若不能完全融化，需轻晃或不停搅拌。

（3）将一个柠檬，洗净后切薄片，选 2～3 片即可。

（4）待杯中温度降至 65℃左右，加入 2～3 片柠檬薄片。

（5）依据个人口感，加入适量蜂蜜，即可饮用。如果夏日天气炎热，可放入冰箱 30min 后再饮用。

图 3－14　柠檬红茶

二、香蕉牛奶红茶

（一）制作材料

香蕉、牛奶、湖南工夫红茶、方糖、蜂蜜。

图 3－15　香蕉

图 3－16　牛奶

（二）制作方法

（1）称取 5g 红茶，并用 90℃左右的开水将红茶冲泡好，留作备用。

（2）取 1/3 的香蕉，横切成片。

（3）将茶汤浸出，放入 2 块方糖，使其融化。若不能完全融化，需轻晃或不停搅拌。

（4）待茶汤凉至70℃左右时，加入适量牛奶，牛奶用量以调制奶茶呈橘红、黄红色为度。

（5）加入香蕉片，加入适量蜂蜜，稍做搅拌，即可饮用。

图3-17　香蕉牛奶红茶

第三节　湖南工夫红茶茶艺

《湘茶产业扬风帆·湖南红茶创辉煌》由湖南农业大学于2018年编创，多次在茶叶博览会上表演，助力“湖南红茶”的品牌推介。该茶艺围绕湖南红茶，从其产地、品质特点、发展历史等方面介绍，并展现出积极乐观的湖湘精神。

一、茶品与茶器

茶品选择的是产于湖南的优质红茶，具有“花蜜香，甘鲜味”的品质特点。茶器选用能充分发挥红茶特性的白瓷盖碗，公道杯选用锤目纹玻璃制品，以清晰地展示茶汤的色泽与明亮度。

图 3－18　湖南工夫红茶

图 3－19　白瓷盖碗

二、茶艺流程

《湘茶产业扬风帆·湖南红茶创辉煌》茶艺表演流程见表 3－1。湖南红茶茶芽细嫩，宜选用 90℃～95℃的水冲泡，且先注入 1/3 的水润茶，使茶芽与水充分接触，再高冲至七分满，以保证茶汤浓度适宜。因品牌推介会有时长限制，且茶艺师去舞台下方奉茶不方便，所以省略去台下奉茶、回座品茶的步骤。

该茶艺融合了舞蹈、朗诵等艺术形式。开场用一段具有湖湘特色的舞蹈，吸引观众的注意力。泡茶的过程中通过肢体和面部表情展现积极向上的湖湘精神。结尾处以一段朗诵结束，情绪高涨，铿锵有力。

表3－1 茶艺流程

步骤		技术参数
前期准备	准备泡茶用水	纯净水、90℃～95℃
入场	舞蹈	
泡茶	展具	
	洁具	
	赏茶、投茶	投茶量在3g左右
	润茶	
	高冲、出汤、分汤	茶水比为1∶50
奉茶	不下舞台	
结尾	朗诵	

三、解说创意

《湘茶产业扬风帆·湖南红茶创辉煌》茶艺解说词由引子、正文和结尾三个部分组成。引子部分讲究语词结构齐整对称，采用七字诗句，虽简洁却能展现湖南红茶所具有的湖湘文化与精神。正文部分多引用诗句，化茶艺程式为意象，如“洁净的热水滑入杯壁，仿佛听见‘清泛三湘夜，中舱听雨眠’的潇湘夜雨”；“水沿杯壁注入，旋起细细水花……勾画出清代章凯所述的‘吹来黔地雨，卷入楚天云’风情万种的湘西风光”。结尾部分，用四字诗句，短小精悍，句句有力，以展望“湖南红茶”公共品牌的美好未来。

四、环境布置

（一）茶艺师的装扮

《湘茶产业扬风帆·湖南红茶创辉煌》茶艺的女茶艺师选用红色或粉色的旗袍或茶服，并绣有湘绣，男生选用蓝灰色传统中式盘扣茶服。女生盘发，男生将刘海梳上去，妆容采用中式妆容，干净、精神，符合湖湘人的形象。

图3－20　茶艺师装扮

（二）茶席与插花

《湘茶产业扬风帆·湖南红茶创辉煌》茶席铺垫选用藏蓝色桌布搭配红色桌旗。中间茶席使用湘绣绣片装饰，以展示湖湘特色，周围分布四个大字“湖南红茶”；左右两边茶席将产品特色“花蜜香，甘鲜味”六字粘贴展示，加深观众对产品品质特点的印象，并以花朵、蝴蝶绣片装饰，仿佛蝴蝶被“花蜜香”吸引，纷至沓来，翩然飞舞。

另外，盖碗与公道杯使用船型壶承托高，使茶席具有层次感且突出茶席重点，并营造出湖南红茶产业扬帆起航的意境，点题“湘茶产业扬风帆”。该茶席未采用插花作品，而是选择团扇放置于扇架上装饰，古朴典雅。若再放置插花作品，可能画蛇添足，反而显得桌面不够干净，烦琐冗杂。

图 3-21　茶席布置

（三）背景

LED 视频主要根据解说词内容，呈现湖南特色景点，如橘子洲头、岳阳楼、张家界等。当然，推介茶产品，应放大茶产品的品质特点，通过 LED 呈现茶园、加工过程、干茶色泽、茶汤汤色等。

图 3－22　LED 背景

五、茶艺音乐

入场舞蹈部分选用的是演唱版的《浏阳河》，耳熟能详的歌曲能让观众代入情境，迅速感受到湖湘风情。泡茶过程应讲究安静，因此泡茶的步骤选用古筝版《浏阳河》。最后以节奏欢快，表达积极向上的情绪音乐收尾。

第四章

湖南工夫红茶主产地

安化县

安化地处北纬27°58′至28°36′之间，是世界公认的宜茶黄金纬度带，气候温和、雨量充沛、土质肥沃、酸碱适度。安化历来“唯茶甲诸州县”，茶树“山崖水畔，不种自生”，原产于安化云台大叶种茶树及以其为母本培育出来的各种优良茶树品种，是生产红茶最佳的种质资源。1858年，安化红茶经由汉口、恰克图及西太平洋运销俄罗斯，有红黑茶专营商行80余家，1886年红茶出口35万～40万箱（约合12000吨），占全国出口总量的12%以上。安化红茶有工夫红茶、红碎茶、红砖茶。从19世纪中叶开始，工夫红茶一直是安化红茶中的大宗，主销欧美。1944年，安化两仪茶厂试制京砖茶（原由俄罗斯驻汉口茶商创制）成功，茶砖身紧凑、外形精美，曾主销西伯利亚地区。1956年，开始生产红碎茶，红碎茶被英国茶商认定为“色泽乌润，香高，味厚，汤浓，发酵打破常规，外形适宜，已达国际水平，赛过祁红（工夫红茶)”。1950—1985年，平均每年加工红毛茶1569吨、精制红茶1038吨。20世纪80年代，茶园面积25万亩，红茶厂22家，1980年红碎茶产量1300吨，1985年茶叶产量8500吨，主要为红茶。

1920年，安化先后以“茶叶讲习所”“茶事试验场”“茶学专科”“茶叶学校”“技术培训班”等形式，不断改良技术，提高品质。1939年，安化茶场开始研制红茶精制机械；1958年，安化红茶生产全部采用机械化。20世纪50年代以来，初制工艺由日光萎凋改为室内萎凋、人工揉捻改为机械揉捻、热发酵改为冷发酵、自然晒干改为木炭烘干，研发出红碎茶初制、精制联合加工技术，筛分、风选、拣剔、拼配、匀堆、装箱、喷唛等进一步优化，安化红茶加工技术成为中国制茶加工技术的标杆。2016年，全县茶园面积31万亩，企业150多家，产量6.5万吨，综合产值125亿元，居全国前四位，其中，红茶企业16家，产量1500吨，主要品牌有湖贡红、安化红、安化红茶、烟溪功夫等，产品畅销国内外。

桃源县

桃源县位于湖南省西北部，地处武陵、雪峰山余脉向洞庭湖平原过渡地带，扼据要冲、位置优越，自古以来沃野田畴，农耕繁盛。绝佳的生态环境，丰富的物产资源，为桃源发展茶产业赋予了得天独厚的条件。先后被农业部评为“全国无公害茶叶生产示范基地县”和“全国绿色食品（茶叶）原料标准化生产基地”。现有茶园15万亩，年产茶3.63万吨，综合产值15亿元，是“全国重点产茶县”。有加工厂150家，合作社33家，其中省级龙头企业3家、市级龙头企业7家。培育了“桃源野茶王”“桃源红茶”2个公共品牌。有“腾琼”“紫艺”“百尼茶庵”“古洞春”4大商标。2017年8月，君和桃源红茶荣获第十二届“中茶杯”全国名优茶评比特等奖。“桃源大叶茶”品牌价值10.98亿元，“桃源野茶王”品牌价值9.39亿元。桃源已形成了鄂、黔、川、浙、湘五省（市）精制茶加工集散地。

新化县

新化地处湘中腹地，雪峰山东南麓，资江贯穿全境，县域面积3636km^2，总人口150万人，境内山高溪多、海拔高差大、森林覆盖面广、土壤肥沃、有机质含量高、气候温暖，常年云雾缭绕。新化红茶始制于咸丰四年（1854年），广东商人来新化采制红茶销往欧美国家，在民间传授红茶制作技术，光绪年间年产销红茶4600担。1930年，新化商人曾硕甫组织茶商在杨木州兴建了宝泰隆、丰记、宝聚祥、富华、裕庆、光华、富润、宝记8家茶商号，精制红茶16300担，经两条茶马古道销往英、美、俄等国。国民政府在西城埠成立茶公所，征收茶税、管理茶事。1950 年，中国茶叶公司在新化建立中国红茶厂，开展精制红茶出口业务，后改为湖南省新化茶厂，1957 年试制红碎茶成功。1979 年在新化设立了湖南省炉观茶叶研究所，主要从事工夫红茶、红碎茶生产研究，其红茶生产工艺获外贸部三等奖。20 世纪 80 年代，新化茶园面积 10 万亩，村村有茶场、家家做茶叶，年产工夫红茶、红碎茶 3000 多吨，其红茶产品先后被省外贸局和外贸部、商业部评为优质产品，享誉全国，出口到英国、新西兰、美国、埃及、俄罗斯，以及东欧国家和地区，出口创汇占全县 34.6%，1989 年全县精制红茶 2737 吨，产值 1539 万元。新化茶文化底蕴深厚，其独特的种茶、采茶、制茶、饮茶、茶道、茶俗、茶礼、茶艺等习俗，成为梅山文化和蚩尤文化的重要组成部分。境内还遗存数处古茶亭、古茶楼、茶商号、老茶厂、风雨桥、石拱桥、茶马古道，以及茶歌、茶调、茶联、资水滩歌等茶文化。现在有"渠江红、上梅红、柳叶眉、梅山悠悠情、紫鹊十八红、寒红、蚩尤古茶、紫鹊春芽、瑶岭春"等品牌红茶产品分别获湖南茶博会、湖南农博会金奖，有 5 家企业申报和办理绿色食品认证和有机茶认证，新化红茶走进了省内外城市的茶馆、茶店、商场、超市，并在长沙、北京、广州、上海、武汉、西安等一线城市设立了专卖店，营销网店近 100 家。

常宁市

常宁市是“中国生态有机茶之乡”、全国重点产茶县。主产区塔山乡，古称塔山山岚茶，系宋代贡品、历史名茶。据旧志记，宋真宗之女升国公主栖禅能仁寺，自种自制塔山茶送京贡父。《湖南全省掌故备考》载：“塔山茶，驰名衡湘间。”塔山瑶族乡有天堂山国家森林公园、天湖国家湿地公园，海拔800m以上，常年云雾环绕，土壤有机质含量极高，富含锌、硒，生产高档有机茶，已通过欧盟IMO和美国NOP有机茶认证。塔山山岚红茶，外形条索紧细、金毫显露、乌黑油润，汤色红黄亮艳、金圈明显，花香馥郁、高长，滋味甘甜、醇厚，叶底红匀嫩亮、底香持久，荣获多项国内外大奖，产品畅销国内外，曾受到中央电视台国防军事频道《乡土》专栏专门报道。

江华瑶族自治县

江华瑶族自治县地处湖南最南端，位于最适宜种植红茶茶树品种区域线上（北纬25°线上），茶叶生产历史悠久。1987年被列为湖南省茶叶出口产品生产基地，2001年被省农业厅列为全省21个优质品牌茶开发示范基地县之一，2013 年获得“湖南省重点产茶县”荣誉，是湖南茶产业规划红（绿）茶主产区域，2017 年获得“湖南省十强生态产茶县”荣誉。

江华苦茶具有“古”“苦”“长”“早”四大特点。“一县一特”主导特色产业——江华苦茶产业，所制红茶甜香浓郁、浓醇，富收敛性，加工的二套样红碎茶，品质特色可同云南大叶种和印度的阿萨姆种媲美。茶多酚类含量 39.21%，居于全省第一，水浸出物 48.5%，氨基酸 164mg/100g；简单型儿茶素可以与勐海野生大茶树媲美，复杂型儿茶素含量与原始阿萨姆茶种比肩。湖南省茶叶研究所从江华苦茶中选育“潇湘红 21－3”，抗寒性强，耐－9℃低温；所制红茶香气浓郁，滋味浓强，冷后呈乳状，叶底红亮，红碎茶达二套样水平。2016 年中国品牌建设促进会审定地理标志产品“江华苦茶”的品牌价值为 1.86 亿元。

城步苗族自治县

城步峒茶原产于城步苗族自治县汀坪乡高梅、蓬洞一带，北纬 25°58′~26°02′和东经 110°14′~110°20′，属低纬、南亚热带北缘，处于茶叶起源中心云贵高原边缘，系第四纪冰川期的古老茶树品种，与江华苦茶、汝城白毛茶、安化云台山种同为“湖南茶树原住民”，是湖南省四大地方群体种群之一。城步峒茶植株高大，树高 7.28m，主干直径41.1cm，芽叶持嫩性强，有青叶峒茶和黄叶峒茶两种，品质优异，红茶茶多酚30.91%～43.95%，氨基酸4.33%，儿茶素总量183.05～268.12mg/g，水浸出物41.00%～49.35%。内质香气浓郁持久，汤色红浓明亮，滋味醇和，可与国内外顶级红茶媲美。城步峒茶历史渊源深厚，可上溯到“三苗古国”时期，《城步乡土志》记载：城步“茶有八峒茶，略可采用”。

城步境内溪河密布，植被丰富，生态环境优良，是苗、侗、瑶等少数民族的集居区，民风淳朴，民俗文化丰富，已成为国家级生态功能区和全国旅游最佳目的地县。城步峒茶是一个地域性较强的地方茶树品种，1986年6月，城步峒茶被认定为湖南省地方南方大叶良种。在20世纪70年代，城步峒茶被评为湖南省优质产品，以其珍稀性，独特的生态环境，优异的茶叶品质，突显其特有的价值。现有峒茶生态种植面积3万亩，城步苗族自治县拟将城步峒茶打造成南方大叶种红茶的“红宝石”。

石门县

石门县地处湘鄂边陲和神奇北纬30°，茶区位于湖南屋脊环壶瓶山区域，森林覆盖率80%，茶中有林，林中有茶，林茶相间。全县茶园18万亩，年产茶2.1万吨，主产“石门银峰”“石门红茶”，综合产值15亿元。两度被评为“中国名茶之乡”，2013年被评为“全国生态茶叶示范县”，2017 年被评为“中国茶业扶贫示范县”。宋代，夹山寺“茶禅一味”文化传播海内外，石门“牛抵茶”成为贡品；清代，泰和合生产“石门宜红”出口英、法等国，享誉海内外；近代，“东山秀峰”“石门银峰”68 次获国内国际金奖并双双被评为“湖南十大名茶”。其中“潇湘·石门银峰”2011 年被评为“全国最具发展力公共品牌”，2012 年被评为“中国驰名商标”，2015 年获得意大利米兰百年世博中国名茶金奖。全县 100 多家茶厂加工，授权 28 家茶企销售。“石门红茶”以条索紧细且有金毫和“冷后浑”闻名。为贯彻落实中央乡村振兴战略和石门县委“开放强县、产业立县”行动计划，石门 20 万茶人响亮提出建设百亿元茶产业奋斗目标，规划 2050 年茶园发展到 30 万亩，全域推行绿色有机茶生产，力争建成三个中心，即武陵山片区茶叶商贸流通中心、全国有机茶生产加工中心、茶禅文化起源传播中心。

平江县

茶产业既是平江县的传统农业产业，又是农业支柱产业，有着辉煌的历史，无论是历史地位，还是生态区位等方面都有明显优势。平江县属全国茶叶优势项目区、全国百强县、全国首批标准茶园创建示范县、湖南省茶叶优势区域县、湖南省十大良种茶基地县。

2017 年，有茶园 8.5 万亩，其中采摘面积 7 万亩，良种 6.77 万亩，有机茶1.2万亩，其中认证660亩，无公害茶园4.5万亩。主产名优绿茶、红茶、黄茶，毛茶产量5800吨，产值2.8亿元。现有规模企业11家，湖南九狮寨高山茶业有限责任公司为省级龙头企业，湖南白云高山茶业有限公司、湖南亲情茶业有限公司为市级龙头企业，茶叶专业合作社60多家，其中国家级示范社2家，合作社总成员3000多人，下辖面积4万多亩。栽培和制作已有1700多年历史。历史红茶久负盛名，清朝年间，平江红茶最高年产量达8万箱，占全省的80%，主销俄罗斯等欧美国家。1987年，产茶2515吨，产值995万元。1980年，瓮江茶厂生产的出口红碎条被评为全国第四套“优良质量”茶，1983年，平江茶厂生产的湘红工夫茶和瓮江茶场生产的新工艺红碎茶获得对外经济贸易部颁发的荣誉证书。平江县将加强红茶品牌建设，推动红茶产业发展，重塑平江红茶辉煌。

桂东县

桂东产茶历史悠久，据《桂东县志》及《中国茶经》记载，早在明清时期，桂东出产的茶叶就被作为贡茶上贡朝廷。近年来，桂东县委、县政府围绕“茶农增收、国家增税、茶企增利”的三赢目标和“规范化建园、标准化种植、规范化发展、科学化管理、公司化经营、市场化运作”的思路，大力发展茶产业。2017年，有茶园面积13.2万亩，产量1000多吨，产值2.1亿元。茶农、茶企生产积极性空前高涨，茶农收入成倍增长。玲珑王茶叶开发有限公司主要生产玲珑王小叶茶红茶和绿茶两大系列产品，玲珑王红茶是在传统湖南红茶加工工艺的基础上经过技术创新加工而成的，香气更高、更持久，且带自然的甜香或花果香，滋味更甜醇、润滑。玲珑王红茶加工工艺被授予国家发明专利。2017年红茶产量10万斤，有军规红1号、2号，玲珑王7号、6号、5号等16种不同规格，产品的主要品质特点是干茶外形紧细，色泽乌黑油润，金毫显露；香气高长，带自然甜香或花果香；汤色红黄明亮；滋味甜醇润滑，叶底红匀。产品销往湖南、湖北、山东、河南、河北、山西、陕西、甘肃、新疆、青海、上海、北京、广东等十几个省、市、自治区，年销售额3000万元。拥有中石化、华夏糖酒等优质经销商及湘品堂土特产专卖店、上海永辉超市、湖南步步高超市、千惠超市等近一万多个销售网点。

沅陵县

沅陵生态环境优越，产茶历史悠久。唐代陆羽《茶经》中提及的“无射山”就在沅陵境内。2017年，有茶园15万亩、企业百余家，其中省级龙头企业3家，产量8000吨，综合产值10亿元。

“碣滩茶”是国家地理标志保护产品、国家地理标志证明商标，

2010年获得意大利上海国际茶博会特别金奖，2015年获得米兰百年世博中国名茶金奖，2017年获得“中国优秀茶叶区域公用品牌”和“湖南十大农业区域公共品牌”的荣誉。沅陵县是“全国重点产茶县”“全国十大生态产茶县”“中国有机茶之乡”“2016中国十大魅力茶乡”“中国名茶之乡”。无射山被评为“中国茶文化名山”。

沅陵围绕“花蜜香，甘鲜味”的品质特征，发挥沅陵优势，创新加工工艺，引进先进设备，优化工艺参数，研发出“皇妃”碣滩红、“凤娇”碣滩红、瑞健红茶、干发红茶、辰州红等系列产品，它们外形色泽乌润、富有光泽，内质花香、蜜香浓郁，滋味甘爽醇厚，汤色红艳，叶底红亮。当前，沅陵茶叶产业正从单一产业向茶旅融合转变，实现市场、品牌转型升级，力争到2020年，全县茶园面积达20万亩，有机茶认证15万亩，年产量3万吨，年产值50亿元。

宜章县

宜章古称义章，建县于617年，位于湖南省最南部，地处湘粤边境南岭山脉东段的北麓，古又称“楚粤之孔道”。具有四季分明、夏无酷暑、冬无严寒、热量丰富、降水充沛的山地气候，年平均气温18.3℃，年有效积温5728.8℃，年降雨量1710.4～2555mm，无工业污染。2017年，有茶园6.2万亩，其中有机茶园1.2万亩、绿色茶园0.5万亩，主要分布在莽山、天塘、一六、关溪、玉溪、平和、瑶岗仙等乡镇。品种有“槠叶齐”“萍云11号”“黄金茶1号”“英红9号”“碧香早”，良种率80%，从业人员10万人。宜章以红茶为主、绿茶为辅，2017年产量1580吨，产值5亿元。规模企业10家，合作社26家，注册商标有“瑶益春”“过山瑶”“莽仙沁”“天一波”“莽红”“瑶仙红”等，产品主要销往长沙、广东等地。近年来，宜章县出台了一系列优惠政策，鼓励茶叶开发，被列为湖南省湘南优质红茶带、郴州市红茶生产重点县；“郴州福茶”的红茶标准根据宜章红茶特色及要求制定；扩大种植面积，继续实施茶园开发奖励政策并降低奖励门槛；加大以“三品一标”（品种、品质、品牌，标准茶园）为主要内容的技术示范培训和产品创意研发力度，全面提高宜章茶叶产量和品质，在茶叶生产各个环节引入机械生产，降低人工成本；整合宜章茶业资源，打造“莽山红茶”品牌。

炎陵县

炎陵县是茶祖炎帝安寝之地，以“茶祖之乡”著称于世，人工栽培茶叶的历史可追溯到晋代，唐宋即有“茶乡”之称，早在清朝时期就出产“天堂贡茶”。炎陵红茶产于罗霄山脉炎陵县境内海拔600～1600m的山区，此地为洣水河之源，河溪纵横、林涛万顷、云雾缭绕、空气清新，森林覆盖率达90%以上，其土壤富含有机质和锌、硒等微量元素，自然条件得天独厚，是茶学界公认的有机名茶生产地。炎陵红茶采用台湾软枝乌龙、铁观音、安吉白茶和野生茶等特异茶叶优良品种为原料，加上标准化、无公害栽培管理，孕育出炎陵红茶独特的“花蜜香，甘鲜味”，具有香中带甜、滑而不涩、持久耐泡、香高馥郁、滋味醇厚甘长的特点。全县茶园1.52万亩，产量320吨，产值过亿元。主产区集中在大院、中村、船形等有优势的山区。企业主要有洣溪茗峰茶叶加工厂、湘炎春茶叶公司、神农生态茶叶公司、大院龟龙窝茶叶基地、神农峰茶业公司、耕夫子公司、天堂茶厂7家；5户企业获得SC认证，有“万阳红”“鄙峰”“洣溪茗峰”“湘炎春”等10个茶叶品牌。

慈利县

慈利茶叶主要集中在土地肥沃，无工矿企业，无任何污染源，自然环境、气候条件优良的三合、象市、江垭三个镇组成的主产区和溪口、洞溪、金岩等地。

2017年，全县22个村有种植农户6000余户、加工企业50余家，其中省级龙头企业1家、市级龙头企业8家、SC认证企业6家、规模企业10家。加工设备100多套，总产量2800吨，产值1.37亿元，名优茶200吨，产值6200万元。其中红茶900吨，绿茶1100吨，黑茶557吨。涌现了一批茶农规模过万人和亩产过万元的优质精品茶园。企业拥有五雷月眉、笔峰春、月月桂、武云等商标15

个；有茶叶专业合作社20家；有茶叶专卖店15家、茶楼20家；有“张家界云雾”等企业品牌5个。

《民国慈利县志》载：“西莲有作红茶者，贩之辄获倍值。”《大庸市览》也载：“慈利工夫红名茶，亦系历史传统产品，主产于华岳山脉。”1980年，利用牧羊冲古茶树的龙凤茶制作的工夫红茶荣获全国食品博览会工夫红茶银质奖。1982年，又获得湖南省优质名茶奖。近年来，云雾王的“慈姑红”、湘西茗园的“白洋湾”红茶、牧羊冲古茶公司的“牧羊冲”红茶先后获得大奖。“三降养生富硒红茶及其制备方法”取得国家发明专利。古道源茶业的“姊妹峰”红茶通过国家富硒产品质量监督检验中心检验。

古丈县

古丈种茶有一千多年的历史。先后被评为“全国重点产茶县”“中国名茶之乡”“中国有机茶之乡”“中国茶文化之乡”“国家茶叶产业技术体系示范县”“全国十大魅力茶乡”“中国十大生态产茶县”“全国茶叶标准化工程示范县”。全县茶园面积15万亩，其中绿色有机茶园4.1万亩，全县农业人口人均1亩茶。古丈地处北纬28°~30°之间的茶叶黄金纬度带，属中亚热带山地型季风湿润气候，年平均气温16℃左右，温和湿润，热量充足，雨水集中，四季分明，夏无酷暑，冬少严寒。特殊的地理位置和自然环境，形成古丈红茶的优秀品质和鲜明特色。古丈红茶曾获得多项国内和国际大奖，荣获2013年中国中部（湖南）国际农博会金奖、2015年第一届亚太茗茶金奖、第十二届中国国际茶叶博览会名优茶金奖。2015年被认定为绿色食品A级产品，2017年被国家质监总局认定为国家地理标志保护产品。古丈红茶是以古丈县域内特有的地方小叶群体品种以及适制性强的无性系良种鲜叶，采用传统工艺和现代创新技术加工而成，具有明显的花果香、蜜糖香、甜香等独有风味。外形条索紧结、身骨重、乌黑油润、鲜活显金毫，内质汤色红艳明亮或金黄明亮，香气甜香浓、清爽纯正，滋味鲜醇甘甜，叶底匀整带芽尖。

第五章

湖南工夫红茶制作技艺非遗项目及传承人

第一节　湖南省级“非遗”项目 “湖南工夫红茶制作技艺”

湖南工夫红茶在全省均有分布，涉及汉、瑶、苗、土家族多个民族，全省有78个县（市、区）生产工夫红茶，主要分布在安化、石门、汉寿、新化、湘阴、浏阳、平江、长沙（县）、湘潭、韶山、湘乡、桃源、慈利、桃江、涟源、会同、常宁、衡山、资兴、炎陵、茶陵、醴陵、邵阳（县）、城步、隆回、新宁、新邵、洞口、绥宁、吉首、保靖、古丈、江华、蓝山、双牌、宁远、桂东、宜章、汝城等56个县（市、区）。湖南省生产工夫红茶的县（市、区）如此之多，地域分布如此之广，在全国各省红茶产区中是绝无仅有的。1988年，全省红茶产量达3.57万吨，占全省茶叶总产量的48.9%。1993年，湖南红茶出口4.6万吨，占全国红茶出口量的50%以上，是中国红茶出口的绝对主力。

2012 年，湖南省食文化研究会开展了湖南工夫红茶的申遗工作，“湖南红茶制作技艺（湖南工夫红茶制作技艺）”于 2016 年 10 月获得湖南省人民政府公布的“湖南省非物质文化遗产代表性项目”称号，保护主体为湖南省食文化研究会。为湖南省级非物质文化遗产代表性项目——湖南工夫红茶制作技艺项目设立了保护基地，分别是：“金毛猴”“湖贡红”“蛮湘红”“武陵红”“渠江红”“桃源红”“炎陵红”“崀峰红”等湖南工夫红茶著名品牌生产加工基地。

图 5－1　湖南工夫红茶制作技艺被评为“湖南省非物质文化遗产代表性项目”

第二节　湖南工夫红茶制作技艺项目传承人

周重旺，中共党员，1986 年 7 月毕业于湖南农业大学茶学系，同年参加工作，历任湖南省茶叶总公司红茶二部部门经理、湖南省茶业有限公司副总经理、湖南省茶业有限公司总经理，现任湖南省茶业集团股份有限公司党委书记、董事长，是国务院特殊津贴专家、湖南省政府特殊津贴专家、高级农艺师、中国茶叶流通协会红茶专业委员会主任、湖南省茶业协会会长。

周重旺是湖南红茶产业跨越式发展的推动者，助推了湖南红茶效益整体提升。作为湖南省茶业集团股份有限公司负责人，他带领公司致力于茶叶主业，将公司打造成了内外贸并举、全产业链经营的农业产业化国家重点龙头企业。2018 年，公司（含控参股企业）经营茶叶 7 万吨，销售收入 60 亿元，出口 8000 万美元（占湖南茶叶出口的 60%），其中红茶出口占全省红茶出口的 50% 以上，经营规模及综合实力居全国同行业第一。

周重旺大学本科主学专业是茶学，进入湖南省茶叶公司后的首份工作就是到棋梓桥及邵阳红茶收购站负责组织红茶货源，即按照客户的精准需求，找出适制原料，通过传统及创新的红茶加工工艺制成红茶成品之后，经由外贸公司代理出口。周重旺凭着 6 年的收购站基层工作经历，积累了丰富的红茶种植、加工、生产和品评的实践经验。

周重旺先后主持和参与了“机采鲜叶加工出口红碎茶的去梗技术”“提高红碎茶的颗粒和容重的技术”“大面积降低出口茶叶农残和铅含量的技术”“有机茶生产加工等关键技术工艺”“出口优质高效低农残茶与有机茶产业化关键技术”等课题研究，其研究成果为公司和湖南省许多红茶生产企业所使用。在担任公司负责人后，周重旺带领公司重点建设优质有机红茶基地，创新红茶制作工艺，为湖南红茶产业发展做了大量工作。

图 5-2 周重旺在第二届中国·湖南红茶美食文化节上点评现场展示的红茶产品

吴浩人，中共党员，1988 年 7 月毕业于湖南农业大学茶学系，同年参加工作，历任湖南省茶叶总公司茶叶二部部门经理、湖南省茶业有限公司副总经理，现任湖南省茶业集团股份有限公司副董事长、总工程师、高级评茶师、高级农艺师，是湖南红茶产业跨越式发展的核心技术传承和创新者、推广者。兼任国家茶叶加工研发湖南分中心副主任，湖南省茶叶种植与加工工程技术研究中心主任、湖南省红茶专业委员会主任。获得国家科技进步二等奖一项，湖南省科技进步一等奖一项、三等奖一项、创新奖一项，长沙市科技进步三等奖一项。先后获得国际十大杰出贡献茶人、中国茶业十大杰出经济人物、湖南省十大杰出制茶师等称号。

吴浩人先后主持了“机采鲜叶加工出口红碎茶的去梗技术”“提高红碎茶的颗粒和容重的技术”“大面积降低出口茶叶农残和铅含量的技术”“有机茶生产加工等关键技术工艺”“出口优质高效低农残茶

与有机茶产业化关键技术”等课题研究，其研究成果为公司和湖南省许多红茶生产企业所使用。推进公司红茶品牌化战略，带领团队在秉承传统工艺的基础上，运用现代高科技手段，贯彻标准化生产、数据化做茶的理念，创新红茶加工技艺，首创可以长期保存的具有“花蜜香、甘鲜味”特征的湖南红茶——臻溪金毛猴红茶，该茶于2015年获得意大利米兰百年世博中国名茶金奖，2018年获得中国国际茶叶博览会金奖。并且将“花蜜香、甘鲜味”作为湖南打造的“湖南红茶”品牌的标志性品质特征。

通过技术创新，产品核心竞争力大幅度提升，公司红茶出口总量、总额排名全国同行第一。同时，在公司的示范带动下，湖南红茶产业精加工技术水平和产能得到了大幅提升，湖南红茶的销售渠道得到大幅拓宽。目前，湖南红茶产值达90亿元，综合实力位居全国前列。

图5－3　吴浩人在向中、小学生做湖南工夫红茶制作技艺示范操作

第六章

湖南工夫红茶主要生产企业

湖南省茶业集团股份有限公司

湖南省茶业集团股份有限公司是一家集茶叶种植、加工、科研、销售和茶文化传播于一体，多茶类并举、专业制茶的农业产业化国家重点龙头企业，是全国百家优秀龙头企业、全国农产品加工业出口示范企业、全国农产品加工业100强企业、湖南省农业产业化十大标志性企业、湖南省100强企业、湖南省脱贫攻坚先进集体。公司建有98个优质生态茶园基地，总面积62.5万亩，联结带动了全省50万户茶农持续增收致富；建有6个综合性茶叶产业园区，公司年茶叶加工量达100000吨；拥有3个省部级综合科研平台，获得了包括国家科技进步二等奖、湖南省科技进步一等奖等在内的30余项重大科研成果及奖项；投资建设了湖南茶叶博物馆、白沙溪黑茶博物馆、湘益茯茶博物馆，传播湖湘特色茶文化；在全国拥有品牌连锁专卖店2000余家，营销网点20000多个，与全球100多个国家和地区保持贸易往来，构建了一条从茶叶种植到加工到终端销售的完整产业链。

公司整合湖南优质茶叶资源，重点打造了中国黑茶标志性品牌——白沙溪黑茶、中国黑茶领导品牌——湘益茯茶、臻溪轻轻茶、潇湘花茶和绿茶、倩云古丈毛尖、辰州碣滩茶、君山黄茶、骄杨绿茶、洞庭青砖、渠江薄片、茶守艺等。多年来，公司积极主持和参与红碎茶、工夫红茶的科研攻关专项研究，取得了系列成果，同时推动技术设备提质升级，确保了公司红茶出口连年位居全国同行前列，并获得国内外客户的好评，目前公司的主要红茶品牌包括臻溪金毛猴红茶、韶山红茶、潇湘茶园红茶、株洲茶祖红茶、倩云古丈红茶、辰州碣滩红茶等。其中，臻溪金毛猴湘茶红是湖南红茶代表之作，原料采自武陵源区的上等原叶，工艺首创融合中国红茶、乌龙茶、黑茶的关键工艺，达到国内首个可长期储存红茶标准，产品既有乌龙茶的花香、红茶的蜜香和甜香，又具有黑茶浑厚的回味，汤色红亮，风味独特，入选为白宫特供茶以及米兰世博金骆驼奖；韶山红茶以黄金茶、槠叶齐等良种为主，种植地处传统工夫红茶产区，吸收韶峰山水精华，茶叶持嫩性好，干茶外形细秀多毫，独特产地加工艺成就了茶叶的花蜜之香，饮之滋味甘鲜，是湖南红茶佳品；潇湘红茶选用大湘西优质高山绿茶为以精制，条索紧结肥硕，色泽乌润，金毫显露，汤色红艳，香气高醇，滋味浓厚；茶之为饮，发乎神农，株洲茶祖红茶以选用炎陵海拔 1400m 高山的纯天然特定茶种为原料精心制作，干茶外形条索匀整，色泽乌黑油润，芳香舒爽，叶底明亮，汤质耐泡，四泡汤色不改，兼有果香回甘，香气持久不变，有“花蜜香、高山韵”的特点。

图6－1　坐落于长沙市隆平高科技园一路的湖南省茶业集团股份有限公司办公大楼

图6－2　湖南红茶产品展示

图6－3　湖南红茶产品展示

湖南省湘茶高科技有限公司

湖南省茶业集团股份有限公司是一家集茶叶种植、生产、加工、销售、科研、茶文化传播于一体，专业制茶、全产业链经营的农业产业化国家级重点龙头企业，是湖南省农业产业化十大标志性企业、湖南省高新技术企业，综合实力位居全国同行业第一。

集团董事长周重旺先生为中国茶叶流通协会红茶专业委员会主任。湖南省湘茶高科技有限公司是湖南省茶业集团股份有限公司的全资子公司，是高新技术企业，是集团专门研发、生产、销售高科技茶产品的公司，被列为湖南省非物质文化遗产代表项目湖南红茶制作技艺生产性保护基地。

湖南省湘茶高科技有限公司致力于湘茶的传承和创新。2005年，为推动湖南红茶的复兴与创新，由公司总工程师吴浩人先生牵头成立湖南红茶专家课题组。课题组对武陵山区张家界、古丈等地的原料研究发现，可通过科技手段革新工艺来制出更具甜度和鲜度的特色红茶，臻溪金毛猴红茶便由此诞生。臻溪金毛猴红茶集红茶、乌龙茶、黑茶三大茶类关键工艺于一身，经检测，臻溪金毛猴红茶内含400多种香气物质，且富含茶黄素，因此其成品茶具有独特的花蜜香、甘鲜味。茶界泰斗施兆鹏先生曾说，臻溪金毛猴红茶是他喝过最好喝的红茶，并建议臻溪金毛猴红茶通过国际市场来提高产品影响力，进而影响国内市场。臻溪金毛猴红茶2011年被选为白宫招待用茶，被评定为具有浓郁“花蜜香、甘鲜味”的红茶。美国前总统奥巴马招待时任中国国家主席胡锦涛选用的正是此茶。臻溪金毛猴红茶于2013年被选为美国加州硅谷库市市政府办公用茶及市长终身用茶，并于2015年荣获米兰百年世博金骆驼奖。此外，臻溪金毛猴红茶于2018年参加第二届中国国际茶叶博览会时，在国家首次组织的茶叶单项评比中获得金奖。

公司副董事长、总工程师吴浩人，兼任农业部农产品加工湖南茶叶分中心副主任，中国茶叶流通协会专家委会员委员，中国社会科学院专家委员会委员，湖南省茶叶种植与加工工程技术研究中心主任，湖南省茶文化研究会副会长，湖南省食品标准化协会副会长。获得国家科技进步二等奖一项，湖南省科技进步一等奖一项、三等奖一项、创新奖一项，长沙市科技进步三等奖一项。荣获国际十大杰出贡献茶人、2012 年中国茶叶行业十大经济人物、省十大杰出制茶师等称号。

图 6 – 4 臻溪金毛猴红茶

图 6 – 5 臻溪金毛猴红茶制作过程

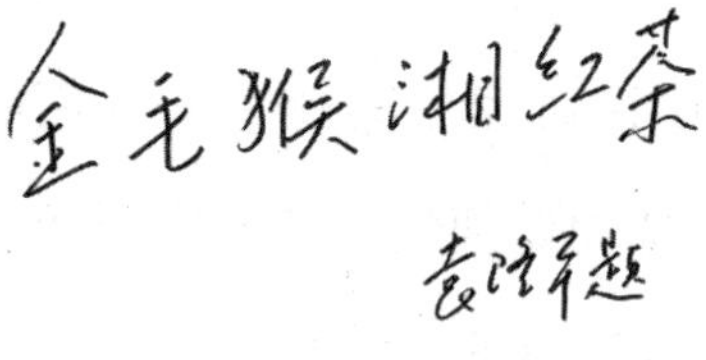

金毛猴湘红茶

袁隆平题

图 6 – 6 袁隆平为臻溪金毛猴红茶题的字

中茶湖南安化第一茶厂有限公司

中茶湖南安化第一茶厂有限公司（以下简称安化第一茶厂）的前身是1902年晋商创建的茶行，至今已有百余年历史，是中华人民共和国后成立的湖南省第一家规模最大的集红、黑茶加工于一体的国营企业，是世界茶王——“湖红”和千两茶的发源地，是湖南最早的茶学教育基地，湘茶机械生产的开创者和湘茶大师的摇篮。厂区内现存的百年木仓（1902年）、锯齿形车间（1950年）、西大门牌楼（1902年）等见证中国茶叶发展的标志性建筑，收藏着20世纪50年代至今的珍贵茶叶标准样和文献等，现为国家工业遗产保护单位、世界人类遗产“万里茶道”申遗入选点、全国民族特需商品定点生产企业、湖南省省级文物保护单位。被誉为“安化茶叶活态型博物馆”，是安化“茶文化的浓缩”“茶叶历史的见证”。

安化第一茶厂的高级品控顾问姚呈祥，从事茶叶工作40余年，系中国茶叶标准化委员会红茶组成员。他指导生产的红茶产品荣获“湖南省优秀红茶”称号，被中国茶叶流通协会评为“中国茶叶品牌”。他作为起草人之一，参与修订了工夫红茶国家标准；先后获得“湖南省十大杰出制茶师”“中国制茶大师”等称号。

图6－7　姚呈祥（左一）指导生产红茶

图6－8　姚呈祥指导生产红茶

安化县卧龙源茶业有限责任公司

于2008年成立的安化县卧龙源茶业有限责任公司，现有标准厂房1500m²、茶园基地3000亩，年生产加工量300吨。公司秉承“百年传承、百年复兴”的经营理念，致力于将烟溪镇打造成为“中国红茶名镇”，注册“烟溪工夫红茶”商标，全力打造“烟溪工夫红茶”品牌。烟溪镇卧龙村的刘氏家族，连续数代都传承了正宗烟溪工夫红茶的制作技艺。第六代传承人刘琴，从小就耳濡目染茶叶的生产加工，经过20多年的磨砺，制茶手艺已经炉火纯青，并研制出了新一代烟溪工夫红茶系列产品。

新一代烟溪工夫红茶不仅保留了原有的醇和、厚重，还鲜醇回甘，清香袭人。“烟溪功夫”红茶一上市，就赢得了众多茶客的青睐，远销北京、上海、广州、天津、长沙等城市，并出口阿联酋、欧洲等国家和中国香港等地区。2015年，“烟溪工夫”红茶参加意大利米兰世博会，荣获百年世博中国名茶金骆驼奖。

图6－9 刘琴研制新一代烟溪工夫红茶

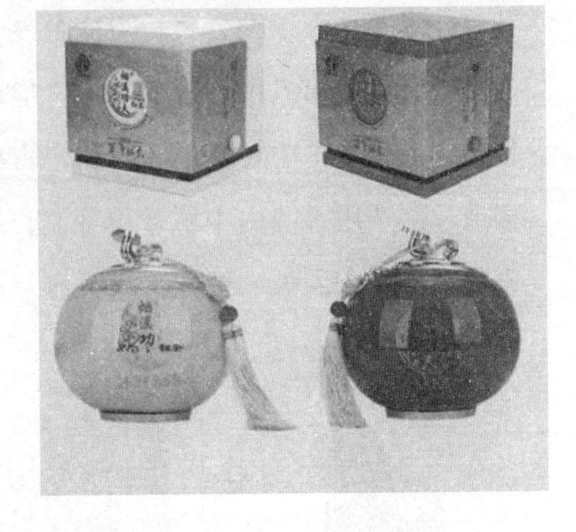

图6－10 烟溪工夫红茶

洞口县古楼香茶叶开发有限公司

湖南省洞口县古楼香茶叶开发有限公司董事长、洞口古楼龙凤茶叶种植专业合作社法人代表林竹艳，1971年出生于洞口县古楼乡古楼村茶叶世家，世代以制茶为生。1986年开始与茶接触，一直将传统的手工制茶技艺坚持至今，并得到湖南农业大学茶学系朱先明教授的指导，从事茶业生产34年。入选“古楼龙凤茶”邵阳市级非物质文化遗产代表性项目传承人；2017年获得湖南省“制茶能手”称号；2018年获得邵阳市手工制茶大赛第一名；2019年获邵阳市“手工茶形象大使”称号。2019年，洞口县古楼香茶开发有限公司的绿茶“古楼春茗”、红茶“古楼金丝红”分别被评为湖南省茶祖神农杯绿茶、红茶类金奖。2021 年 4 月 22 至 23 日，由中国茶叶流通协会、信阳市人民政府主办的“华茗杯”2021 绿茶、红茶产品质量推选活动上，“古楼春茗”和“占楼金丝红”双双获得金奖。古楼金丝红选用雪峰山中鲜叶单芽制作，采用传统红茶制作工艺，条索紧细，金毫满披，香气高雅，有兰花香和蜜香，甜度好，口感醇和，汤色橙黄透亮。

图 6－11　林竹艳制作红茶

图 6－12　古楼龙凤茶

湖南省韶山茶业有限公司

湖南省韶山茶业有限公司是由国家级产业化龙头企业——湖南省茶业集团股份有限公司投资入股，湘潭市供销社、韶山市供销社、韶山旅发集团等股东一起组建的股份制公司。韶山茶业是一家以红色文化为主题的文旅、文创茶产业企业，饱含着企业对韶山这方热土的热爱，坚持走因企制宜、政企强强联合、整合各方优势资源、实践和探索乡村振兴、造福韶山百姓的创新之路。

韶山茶业有限公司将以“创一流企业，打造高品质韶山茶”为宗旨，坚持“绿色、优质、高效、领先”的质量方针，通过采用“公司+基地+农户”的产业化经营模式来带动韶山茶农增收致富。

公司的总体目标是计划在5年内辐射韶山茶园生产基地1万亩；联合茶农建5000亩有机茶生产基地，带动1万茶农；实现年加工2000吨，综合产值过亿元，通过10~20年发展，综合产值达5亿元。

图6-13 公司负责人与湖南农业大学茶叶专家、教授一起考察野生茶资源，考虑用野生茶加工制作湖南工夫红茶

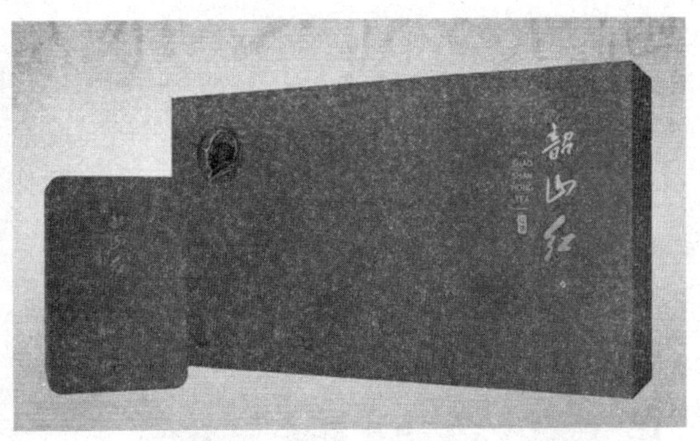

图6-14 韶山红红茶

湖南烟溪天茶茶业有限公司

湖南烟溪天茶茶业有限公司坐落于安化县烟溪镇，前身为烟溪红碎茶厂，是一家百年老厂，公司自有高山茶园基地4800亩，生产加工线8条，年产值达5000万元。

公司持有的“天茶村”“天茶红”为湖南省著名商标、湖南名牌产品。产品用料考究，工艺精湛，经专家品鉴，其色香味形已达到国际顶级红茶标准，连续获得多次大奖，在长沙、深圳、宁波、北京均设有直营窗口。

公司负责人夏国勋是“安化红茶”制作技艺传承人，并被评为“安化工匠”。

图6-15　夏国勋（右一）指导采茶

图6-16　安化红茶

新化县桃花源农业开发有限公司

新化县桃花源农业开发有限公司于2011年3月注册成立，总投资1000万元，共有茶园面积1865亩，2019年成为娄底市农业产业化市级龙头企业。公司对茶园进行科学严管严控，禁用农药、化肥与除草剂，已建成茶叶栽培、采摘、收购、生产加工、市场销售一体化产业链。采取“公司+合作社+基地+农户”的运作模式，以护残助残为己任，辐射带动残疾人与贫困户脱贫致富，联手发展茶叶种植，采取优惠政策和措施对种植基地的残疾人进行帮扶，成为省级阳光扶贫示范基地。2018年，“紫鹊十八红”红茶品牌荣获第三届“潇湘杯”湖南名优茶评比金奖，蒙洱茶荣获一等奖。2019年12月，公司蒙洱茶园基地获得绿色食品认证。2020年12月，蒙洱茶与紫鹊十八红获得央视农业频道广告推广。2020年，紫鹊十八红再次荣获湖南省茶博会茶祖神农杯名优茶金奖。

公司董事长李洪玉系残疾人，一岁时烧伤造成面部变形，左手手指全部烧毁，关注残疾人事业。1984年进入奉家公社东风茶场，与茶结缘。虚心向老茶人学习茶叶种植、茶园管理、茶叶加工等技术，成为新化蒙洱茶第十三代传承人，从事茶叶传统手工制作红茶工艺近40年。

图6－17 李洪玉制作红茶

图6－18 “紫鹊十八红”

湖南石门澧峰名茶有限公司

湖南石门澧峰名茶有限公司成立于1998年，注册资本398万元，现有资产1968万元。主营生产、加工，营销“澧峰”牌石门小红茶等系列产品，是集茶叶种植、加工、出口贸易、技术研发等综合服务于一体的“常德市农业产业化龙头企业”“十佳优秀创业企业”。

公司西山垭有机茶基地的茶叶自古有名，其产茶源头可追溯至千年前。唐代大诗人刘禹锡为官于朗州时，曾写下《西山兰若试茶歌》，据有关学者考证，诗中的西山，即当今的西山垭。清朝年间，广东商人卢次伦在宜沙老街（今壶瓶山镇）开办“泰和合茶号”，拥有员工6000多人、茶农万余人，生产“宜红茶”并出口英、法、俄等国，西山垭为其主要原料基地。

公司董事长、高级制茶师覃小洪，系常德市茶叶协会副会长，常德市第六、七届人大代表，从事茶叶生产、加工、营销达30余年。覃小洪研发的“石门小红茶”经12道工艺，由手工与机械相结合制作而成。茶叶外形紧直乌润，金毫显露；内质香气鲜甜郁长；汤色红艳，滋味浓醇回甘；叶底细嫩匀整。具有“头泡二泡香高味醇，三泡四泡回味甘爽”的独特风格。先后荣获2017年第二届“潇湘杯”名优茶评比一等奖、2018年香港国际茶展及美食博览会名茶评比红茶组冠军、2020年“第十二届中国（北京）国际茶业茶艺博览会”金奖及“第五届亚太茶茗大奖”“特别金奖”等荣誉。2019年3月，中国茶叶流通协会授予覃小洪“中国制茶大师”荣誉称号。

图6-19　覃小洪（左一）研制红茶

图6-20　石门红茶

湖南古洞春茶业有限公司

湖南古洞春茶业有限公司是集茶叶科研、良种繁育、茶叶种植、生产加工、新产品研发、市场营销、电子商务为一体的湖南省级农业产业化龙头企业，中国茶叶百强企业，湖南老字号，国家高新技术企业。公司现拥有自有茶园基地11000多亩，厂房面积18000m^2，制茶机具600多台（套），在茶衍生产品的精深加工、科技创新方面取得较大突破，先后获得5项发明专利、5项实用新型专利、3项外观设计专利，拥有绿茶、红茶、黑茶、特种茶4条生产线。

公司为丰富湖南工夫红茶产品品种，创新了红茶生产工艺，以桃源大叶茶芽头为原料，经过二次萎凋、揉捻、二次发酵、干燥加工。主要采用了日光萎凋加萎凋槽室内萎凋的二次萎凋技术，提高红茶的香气和综合品质。采用红茶二次发酵技术，有效解决了传统生产工艺中容易造成红茶成品汤色浑浊和酸馊味，及发酵不足容易造成花青、汤色浅黄等技术难题。用二次发酵技术生产的产品，茶黄素含量由原来的0.15%提高到了0.5%，提高了233%，茶红素达到了3.4%，其茶叶香气鲜浓纯正，滋味醇厚，汤色红亮，叶底红明，色泽乌润，汤色红亮，入口醇厚，香气馥郁，齿颊留香。2019年，公司派员参加在广东英德举行的全国红茶制作大赛并荣获银奖。

图 6－21　制茶

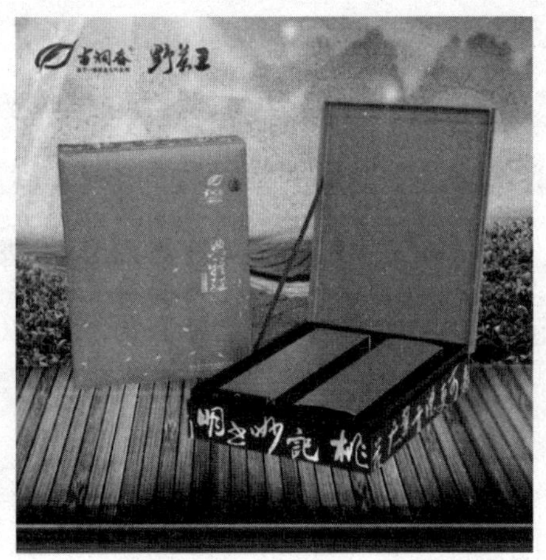

图 6－22　特级红茶典雅红

安化县昆记梁徽辑红茶有限公司

安化县昆记梁徽辑红茶有限公司是集红茶种植、加工、销售、茶文化推广、茶文化交流、茶艺表演与培训等于一体的企业，积极倡导传统手工技艺、原生态零添加、健康环保、茶文化体验等理念，产品商标为“湖贡红”。2017 年被确定为湖南省级非物质文化遗产代表性项目——湖南工夫红茶制作技艺生产性保护基地。2020 年 6 月，“湖贡红”被评为“精品湖南工夫红茶”。

公司自 2015 年以来，在茶叶基地开展仿生态茶园建设，茶园无须使用化学肥料、化学农药便能种植培养出优质茶叶，从源头上有效地解决茶叶食品安全问题。专注坚守安化县昆记梁徽辑红茶制作技艺的传承、创新、应用工作，推出了“湖贡红”“湘花”“甲骨文”“小康村”“凯瑟琳公主”“NOYES”等品牌系列红茶，受到广大消费者的青睐。

公司在安化县投资修复湖南红茶博览馆，于2015年10月21日起免费对中外参观者公益开放。2016年主办湖贡红第一届万里茶路行活动，跨越5个省，行程上万里，沿程参与单位近百家；2017年主办湖贡红第二届中俄万里茶路行活动，让湖南红茶再次走出国门。

董事长李丰华兼任公司创办的湖南湖红红茶研究院院长、湖南红茶博览馆馆长，连续参加3届中国·湖南红茶美食文化节现场红茶制作表演，获得好评。

图6-23　李丰华制作红茶

安化县昆记梁徵辑红茶有限公司：

你公司“湖贡红”在2020年“文化和自然遗产日”展示宣传活动中，荣获：

精品湖南工夫红茶

湖南省食文化研究会

二〇二〇年六月十三日

图6-24　“湖贡红”红茶荣获“精品湖南工夫红茶”称号

图6-25　“湖贡红”红茶

新化县紫金茶叶科技发展有限公司

新化紫金茶叶科技发展有限公司成立于2014 年1 月，注册资金1000 万元，是一家集茶叶基地、生产加工、茶产品研发等为一体的现代化综合型农村企业。公司位于全国美丽的AAA 级景区、全国深呼吸小镇、渠江源核心景区、茶溪谷景区内，生产基地位于四朝贡茶产地——新化县奉家镇渠江源村无二冲。公司目前拥有生态观光贡茶园500 余亩，近三年新种茶园3000 余亩，辐射周边无公害茶园5000 余亩，年产2 万斤干茶。公司生产的“渠江红”“渠江贡”在业界多次获奖，独特的地域条件决定了茶叶非凡的品质。其生产的红茶香甜味醇，香气浓郁，回甘清新。公司所在茶园荣获“湖南省十大最美茶叶村”“全国三十座最美茶园”的殊荣。公司生产的“渠江红”，连续三年获得湖南省茶祖神农杯的金奖，2017 年荣获全国亚太茗茶评选金奖。公司在2017 年被确定为湖南省级非物质文化遗产代表性项目——湖南工夫红茶制作技艺生产性保护基地。

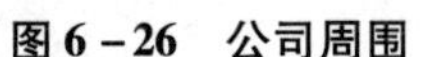
图6－26　公司周围

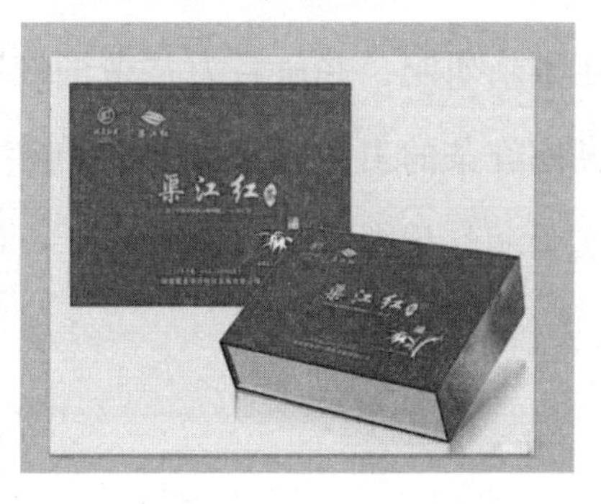

图6－27　“渠江红”红茶

常宁市福塔农业科技开发有限公司

常宁市福塔农业科技开发有限公司成立于2009年4月，注册资金1000万元，是一家集茶叶种植、茶叶精制加工、产品研发、市场销售、服务、休闲旅游为一体的现代化茶叶全产业链典范企业。经过多年来的不断开拓与发展，公司现有员工200多人，其中包括10多名高级技术人才。公司有茶叶种植基地面积8000余亩，其中核心示范区面积4300亩，带动当地农户发展种植茶园面积3200亩。茶叶种植基地位于国家级“环境优美乡镇”“生态有机茶之乡”、衡阳市唯一少数民族乡——常宁市塔山瑶族乡，2017年被确定为湖南省级非物质文化遗产代表性项目——湖南工夫红茶制作技艺生产性保护基地。公司生产的“神丝”牌塔山山岚绿茶和“蛮湘红”牌塔山山岚红茶，在省茶博会上多次获金奖，得到业内外高度好评。同时，公司在2016年被评为省级龙头企业。塔山山岚茶系历史名茶，1986年重新研制，并命名为“蛮湘红”红茶，其吸取、融合了金骏眉与湖南红茶的工艺精髓，香气高锐持久，滋味甜醇干爽，回味悠长，实为湘红代表。

图6－28 “蛮湘红”牌塔山山岚红茶

图6－29 “蛮湘红”牌塔山山岚红茶

株洲龟龙窝观光生态茶园有限责任公司

株洲龟龙窝观光生态茶园有限责任公司是台湾商人古胜潭先生创立的企业，至今已经有24年的历史。现有茶园1450亩，主栽品种为台湾软枝乌龙，茶园平均海拔1650m，年平均气温12℃，是中南地区海拔最高的茶园。年产优质红茶20余吨、高山乌龙茶10余吨，产品远销全国各地。2017年被确定为湖南省级非物质文化遗产代表性项目——湖南工夫红茶制作技艺生产性保护基地。

古胜潭从1979年4月开始进入台湾茶界，从采茶做起，一直做到茶园管理和茶叶加工。精通茶叶种植、加工各个环节的工艺。1997年，到湖南株洲炎陵县海拔1650m的大院农场培植台湾品种软枝乌龙。经过20余年不断努力，成功栽培和制作出了高山红茶和青茶，其中“炎陵红茶”已连续获十届“中茶杯”、“国饮杯”全国名优茶评比一等奖，并荣获第三届亚太茶茗大奖的特别金奖。

图6－30　“炎陵红茶”荣获第三届亚太茶茗大奖的特别金奖

图6－31　产品

湖南老一队茶业有限公司

湖南老一队茶业有限公司于2016年注册成立，总投资2亿元，种植、育苗和加工厂房面积近6000亩，是一个集育苗、种植、加工销售、休闲研学旅游为一体的综合性企业，是湖南省产业化龙头企业、湖南省扶贫龙头企业、湖南省特色农业（红茶）产业园，被评为湖南红茶十大企业产品品牌。

湖南老一队产业有限公司严格按照标准进行生产，2019年，“莽山红”品牌的金毛毫小罐茶红茶、“湖莽壹号”莽山老白茶双双荣获湖南省茶叶博览会茶祖神农杯金奖，获得国家专利15项。公司产品均通过食品生产许可认证。2020年，公司的莽山红茶、莽山白茶和莽山绿茶被认定为绿色食品 A 级产品。公司被评为湖南省休闲农业与乡村旅游四星级企业，获得了食品生产企业国际出口资质，取得了 ISO 和 HACCP 认证。2019 年，公司总部落户北京，在北京、深圳、上海、长沙、郴州等有 20 多家直营连锁店，其红茶产品远销俄罗斯、美国等国家和东南亚等地区。

图 6－32　制茶　　　　图 6－33　“莽山红”牌金毛毫红茶

新宁县崀峰茶业有限公司

新宁县崀峰茶业有限公司坐落在风景秀丽的新宁永安工业园，占地面积 7000 余平方米，拥有 1 栋现代化茶叶加工厂房、1 栋贮运仓库、1 栋办公大楼和其他绿化带。目前公司拥有“崀峰牌”和“崀山牌”2 个品牌，拥有水庙镇石坪村生态茶园基地和舜皇山国家森林公园七家岭生态茶园基地 2 个，基地面积 1000 亩。公司主要经营纯野生高山红茶等。其生产的茶以舜皇山国家森林公园、紫云山原始森林自然保护区、世界自然遗产崀山等高山云雾之中的茶叶为原料，用传统工艺和现代科学技术相结合精制而成。高山温差大、日照短、湿度大，无工业和农业污染，茶叶绝无农药残留，因而茶叶外形美、香气清高持久、滋味浓、耐冲泡。

新宁县崀峰茶业有限公司于2019年被确定为湖南省级非物质文化遗产代表性项目——湖南工夫红茶制作技艺生产性保护基地。公司法人姜家荣在20世纪80年代就开始制作湖南工夫红茶，制茶40余年，并荣获邵阳市“宝庆老工匠”等称号。

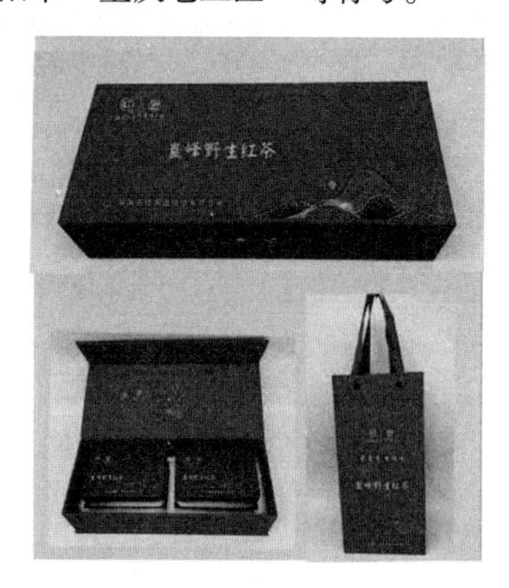

图6－34　崀峰野生红茶

第七章

湖南工夫红茶菜及小吃

湖南工夫红茶除直接泡饮以外，还可以入菜，与各种相关食材搭配制作成红茶菜，还可以做成上百种小吃。红茶入菜的基本作用是增香助阳。红茶美食一方面丰富了中华美食的种类，给消费者带来不同风味的享受；另一方面增加了湖南工夫红茶在日常生活中的应用，促进了湖南工夫红茶的销售。

第一节　湖南工夫红茶菜

一、红茶烧带鱼

原料：带鱼 500g，湖南工夫红茶水 200g，食盐 3g，陈醋 30g，蜂蜜 40g，生姜 50g，葱段 50g，干椒丝 30g，干淀粉 150g，色拉油 750g（实耗 100g）。

图7-1 红茶烧带鱼

制作方法：（1）带鱼治净，切成7cm长的长方块，用盐、葱、姜醋汁腌制入味，拍上干淀粉备用；（2）炒锅上火烧至6成热，放入带鱼浸炸至外酥里嫩、呈金黄色时捞出；（3）炒锅留底油，爆香姜丝、干椒丝，放入蜂蜜、陈醋、红茶水、盐炒匀熬浓汁，再放入带鱼均匀挂上汁，即可装盘。

菜品特点：外酥里嫩，甜酸微辣，回味悠长。

（黄惠明制作）

二、红茶鸡

原料：去骨鸡肉300g，湖南工夫红茶水200g，鸡蛋1个，食盐4g，生抽30g，冰糖40g，生姜20g，葱段20g，熟芝麻20g，面粉100g，干淀粉100g，色拉油750g（实耗100g）。

制作方法：（1）鸡肉治净，切成2.5cm长的方块，用盐、姜葱料汁腌制入味，将鸡蛋、面粉、生粉调成糊备用；（2）炒锅上火烧

图7-2　红茶鸡

油至6成热，将用蛋粉糊挂好的鸡肉放入油中浸炸至外酥里嫩、呈金黄色时捞出；（3）炒锅留底油，放入冰糖，炒成焦糖色时加入20g红茶茶水化开，放入生抽、盐炒匀熬浓汁，再放入鸡肉均匀挂上汁，撒入芝麻即可装盘。

菜品特点：色泽红亮，外酥里嫩，滋味无穷。

（黄惠明制作）

三、红茶鱼丝

原料：乌鱼肉400g，湖南工夫红茶70g，姜丝20g，大红椒丝20g，鸡蛋1个，小葱段10g，盐3g，味精2g，生粉6g。

制作方法：（1）鱼肉切成5cm长、0.2cm粗的丝，用水冲去血水；（2）红茶叶用 开水冲泡好，放凉；（3）鱼丝沥干水，用厨房专用纸吸干水分；（4）鱼丝加入盐、味精、红茶水40g、生粉、蛋清腌制5min；（5）鱼丝滑油沥干，姜丝、红椒丝，葱段、鱼丝加红茶

图7-3 红茶鱼丝

水30g一起翻炒20s即可；（6）起锅装盘，鱼丝上放3片过油红茶叶点缀。

菜品特点：色泽金黄，鱼丝伴有湖南工夫红茶的花蜜果香味。

（张文端制作）

四、红茶排骨

原料：仔排800g，红茶30g，姜5片，干椒壳8节，葱花少许，熟芝麻少许。白醋50g，白糖30g，蚝油10g，卤水1000g。

制作方法：（1）排骨洗净备用；（2）红茶水备用；（3）排骨、红茶茶叶、姜片下入备好的卤水，卤至排骨熟透，茶香入骨，将茶叶和排骨分别捞出备用；（4）锅烧油至8成热时下排骨，炸至外酥

图7-4 红茶排骨

里嫩时捞出，待6成热时下卤过的红茶，炸至酥脆备用；（5）起锅下食醋、白糖、干椒节、蚝油至汁浓下排骨，茶叶炒匀装盘，撒入芝麻、葱花即可。

菜品特点：香酥酸甜，茶香四溢。

（彭云龙制作）

五、红茶煨羊肉

原料：黑山羊肉100g，红茶叶5g，干辣椒3g，茶油30g，姜片10g，鸡精3g，盐3g。

制作方法：（1）红茶叶泡开水备用；（2）黑山羊洗净，切成2cm长的块，飞水待用；（3）锅下入茶油烧至8成热，下入姜片爆香，再下入黑山羊肉，大火爆炒至羊肉表皮起小泡泡，后加入盐、鸡精、味精以及备好的红茶叶汤，将羊肉完全浸没，大火烧开；（4）倒入高压锅中，上汽6分钟即可装盘，撒上葱花。

图7-5 红茶煨羊肉

菜品材料特点：红茶，祛腥，暖胃健脾；羊肉，肌纤维细，补虚，补气补血，补益佳品。红茶、羊肉助阳，相得益彰。

（周新德制作）

六、红茶酥羊排

原料：羊肋排750g，红茶100g，孜然10g，八角5g，草果仁5g，花椒3g，香茅3g，干灯笼椒30g，花生米50g。

制作方法：（1）首先将羊排砍成6cm长的若干段，冲干净血水过水；（2）将红茶、孜然、八角、草果仁、花椒、香茅丁置于一纱袋中扎紧，放入清水锅中，加入精盐、生姜、味精、生抽，旺火烧开后，加入羊排慢火熬煮60min至羊排软烂，捞出备用；（3）红茶叶用开水化开，下油锅炸干，羊排入油锅炸酥，锅内加少许油，下姜、蒜、孜然、灯笼椒爆香，加入羊排，加味精、蚝油调味，加入炸好的茶叶出锅装盘即可。

图7－6　红茶酥羊排

菜品特点：外酥内嫩、微辣咸鲜，保留了羊肉本身的鲜味又有湖南工夫红茶花蜜香的香味口感。

（李灿制作）

七、红茶蛋

图7－7　红茶蛋

原料：按十位例计，农家鸡蛋10个，红枣30粒，桂圆40粒，枸杞100粒，红糖30g，红茶30g。

制作方法：（1）先将鸡蛋煮熟（约8min即可），剥壳再用红茶水煮3min；（2）将红枣、桂圆、枸杞、红糖一起煮开10min，加入煮好的鸡蛋，按每例鸡蛋1个、红枣3粒、桂圆4粒、枸杞10粒的标准盛入器皿。

菜品特点：茶叶蛋以红茶为佳，与红枣、桂圆、枸杞搭配，补益作用尤佳。该菜品为小甜品，餐前吃有补益护胃的作用。

（袁力猛制作）

八、红茶福鹅

原料：炎陵福鹅半只（约800g），红茶40g，葱，姜，蒜，红椒。

制作方法：（1）红茶提前泡好；（2）福鹅洗净后砍成2cm宽的长块；（3）净锅烧热加入茶籽油，烧至8成热放入香料，葱、姜煸炒出味后倒入鹅块翻炒2min，倒入泡好的红茶水大火烧开后转小火焖煮15min，调味、收汁，将茶叶放入翻炒即可装盘。

菜品特点：鹅肉脱骨香而不柴，微飘茶香，色泽亮丽，微辣。

第二节　湖南工夫红茶小吃

一、红茶粽

原料：红茶、糯米、粽叶。

图7-8　红茶粽

制作方法：优质糯米用湖南工夫红茶汤泡30min，用洗净的粽叶包扎好，入笼蒸30min即可。

美食特点：有红茶味与粽叶香，原汁原味。

（周新德制作）

二、红茶饼

原料：糯米粉200g，红茶叶3g，白糖15g，泡打粉3g，面包糠

图7-9 红茶饼

300g，芝麻10g。

制作方法：（1）将红茶叶泡开水备用；（2）将糯米粉、泡打粉、白糖拌匀，加入备好的红茶汤拌成面团，发酵30min；（3）将发酵好的糯米面团搓匀做成饼子，撒上芝麻和面包糠醒10min后放进烤箱即可。

美食特点：湖南工夫红茶香味四溢，饼脆味美。

（周新德制作）

第八章

湖南红茶美食文化节

湖南工夫红茶制作技艺于2016年10月被评为湖南省级非物质文化遗产代表性项目后，湖南加大了对其的保护力度和推广力度，率先开展了湖南工夫红茶的宣传与推广，让更多的市民了解湖南工夫红茶的历史、制作技艺与保健作用，从而喜欢红茶，常喝红茶，"非遗"让生活更美好。

潇湘"臻溪·金毛猴杯2017"首届中国·湖南红茶美食文化节，于2017年5月14日在长沙火宫殿举行。来自省内各地的制茶高手现场进行了传统手工制作湖南工夫红茶表演，相关企业的茶艺师进行了红茶茶艺表演，红茶企业进行了产品展示、展销。活动中，对获得湖南省级非物质文化遗产代表性项目——湖南工夫红茶制作技艺生产性保护基地的企业进行了授牌、颁证，并举行了湖南工夫红茶产业发展高峰论坛。来现场观看活动的除了市民外，还有来火宫殿品尝小吃的外国朋友，他们还参加了湖南工夫红茶手工制作现场体验。长沙市150多家餐饮酒店获得"首届中国·湖南红茶美食文化节指定酒店"称号，在店外或店内纷纷悬挂了"红茶美食文化节指定酒店”的横幅。

冷饮吧
干燥
发酵
揉捻
萎凋

臻溪·金毛猴杯2017' 首届中国·湖南红茶美食文化节
红茶茶艺表演

武陵红

湖贡红
湖贡红

許家故事
金毛猴杯2017首届中国-湖南红茶美食文化节指定门店

爷爷的土钵菜
全国首家无菜单餐厅

猴杯2017首届中国-湖南红茶美食文化节指定门

湘 村

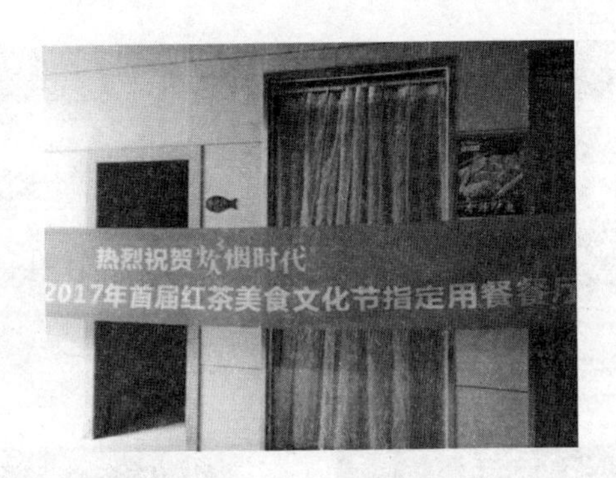

第二届潇湘臻溪·金毛猴·轻轻茶杯中国·湖南红茶美食文化节，于2018年6月2日在湖南工商大学不多堂艺术馆举行。这是面向大专院校师生的一次红茶制作技艺展示。近100位外籍教师和留学生代表参加了现场体验湖南工夫红茶制作的活动。也许这是他们有生以来的第一次也是唯一的一次制作湖南工夫红茶的体验，不失为在中国工作或学习期间的美好回忆。湖南工夫红茶制作技艺非遗传承人手把手地教他们手上的揉捻功夫。来自长沙的宾馆、酒店和餐饮企业的董事长、总经理等百余人参加了红茶、黑茶等多种茶的品鉴，观摩、学习了湖南工夫红茶制作技艺，更加了解了湖南工夫红茶。本届红茶美食文化节上，新化紫金农业科技发展有限公司、桃源县茶业协会被确定为湖南省级非物质文化遗产代表性项目——湖南工夫红茶制作技艺生产性保护基地。

签到墙
发酵
摇青
萎凋

第三届中国·湖南红茶美食文化节于2021年6月13日在长沙市五矿·live社区举行。这天是国家文化和自然遗产日，“人民的非遗，人民共享”主题是第三届湖南红茶美食文化节主要内容。这也是湖南工夫红茶制作技艺首次走进社区进行现场推广。“非遗”走进社区，走进家庭，不仅提高了湖南工夫红茶制作技艺“非遗”项目的知名度，让更多的社区群众了解和参与湖南工夫红茶的制作，掌握湖南工夫红茶的沏泡和保健知识，也提高了社区群众的参与度、共享度，进而扩大“非遗”项目的受众范围，“非遗”让生活更美好！

传承文化遗产
构建和谐

8445-0599
2021.6.12 — 13

金毛猴品牌

湖南省级非物质文化遗产代表性项目

湖南工夫红茶制作技艺

生产性保护基地

桃源红茶·1865·

桃源红茶品牌

湖南省级非物质文化遗产代表性项目

湖南工夫红茶制作技艺

生产性保护基地

湖贡红品牌

湖南省级非物质文化遗产代表性项目

湖南工夫红茶制作技艺

生产性保护基地

湖南工夫红茶的分布

湖南工夫红茶在全省14个市（州）均有分布，涉及汉、瑶、苗、土家族多个民族，主要分布在安化、桃源、新化、平江、湘潭、湘乡、桃江、沅陵、常宁、攸县、醴陵、城步、隆回、新宁、洞口、吉首、保靖、古丈、江华、蓝山、双牌、桂东、宜章、汝城等县（市、区）。湖南省生产工夫红茶的县（市、区）如此之多，地域分布如此之广，在全国各省红茶产区也是绝无仅有的。1988年，全省红茶产量达3.57万吨，占全省茶叶总产量的48.9%。1993年，湖南红茶出口4.6万吨，占全国红茶出口量的50%以上，超过半壁江山,是中国红茶出口的绝对主力。

湖南工夫红茶的保健作用

湖南功夫红茶因品质优异，故保健作用更加显著。现代医学证明，红茶除具有茶类的一般保健作用外，还具有以下显著的保健作用：

1、养胃护胃；
2、预防帕金森病；
3、抗流感与杀菌消炎；
4、预防心脏病；
5、降低血压，防治血栓；
6、预防皮肤疾病；
7、预防过敏症；
8、可降有害胆固醇；
9、防治骨质疏松。

湖南工夫红茶的特点

经百余年来的传承与发展，吸取了三湘四水之精华，做工精细，外形条索紧结面细，金毫显露，匀整，色泽乌润；内质花蜜香悠长，滋味甘鲜，汤色红亮，叶底红艳明亮，滋味淳鲜、浓厚、清爽。“花蜜香，甘鲜味”是湖南工夫红茶的鲜明特色，香气浓郁，味纯醇厚，回味隽永。“花蜜香”即馥郁花香带蜜香；“甘鲜味”甘甜鲜醇。